KB059408

세상을 읽는 수학책

数学的思考ができる人に世界はこう見えている ガチ文系のための「読む数学」
齋藤孝 著
株式会社祥伝社 刊
2020

SUUGAKUTEKI SHIKOU GA DEKIRUHITO NI SEKAI WA KOUMIETEIRU
GACHIBUNKEINO TAMENO「YOMUSUUGAKU」
by Takashi Saito
Original Japanese edition published by SHODENSHA Publishing Co., Ltd., Tokyo.

재미와 교양이 펑펑 쏟아지는
일상 속 수학 이야기
세상을 읽는 수학책
사이토 다카시 지음
김서현 옮김
북라이프
booklife

옮긴이 **김서현**

번역 에이전시 바른번역에서 외서 기획자 및 번역가로 활동하고 있다. 번역도 수학처럼 명쾌하게 답이 정해져 있었으면 좋겠다는 생각을 한다. 옮긴 책으로는 《수학 개념 따라잡기: 삼각함수의 핵심》, 《수학 개념 따라잡기: 통계의 핵심》 등 다수가 있다.

세상을 읽는 수학책

1판 1쇄 발행 2022년 9월 27일
1판 4쇄 발행 2024년 12월 2일

지은이 | 사이토 다카시
옮긴이 | 김서현
발행인 | 홍영태
발행처 | 북라이프
등 록 | 제2011-000096호(2011년 3월 24일)
주 소 | 03991 서울시 마포구 월드컵북로6길 3 이노베이스빌딩 7층
전 화 | (02)338-9449
팩 스 | (02)338-6543
대표메일 | bb@businessbooks.co.kr
홈페이지 | http://www.businessbooks.co.kr
블로그 | http://blog.naver.com/booklife1
페이스북 | thebooklife
ISBN 979-11-91013-45-0 03400

프롤로그

수학은 쓸모가 있다!

알아 두면 쓸데 있는 '미분'을 손에 넣자!

여러분!

미분을 이해할 수 있다면 기쁘지 않겠는가? 가능하다면 미분을 알고 싶지 않은가! "미분이란 건 말이야." 혹은 "미분으로 설명하자면…." 이런 말을 자연스럽게 꺼내고 싶지 않은가!

이 책을 다 읽고 나면 대화를 나누다가 미분이라는 단어가 스스럼없이 입에서 나온다. 이 책이 그렇게 만들어 줄 것이다. 읽지 않고는 못 배긴다.

"수식이 뭘 의미하는지 전혀 모르겠더라구요. 그래서 수업을 따라갈 수 없었어요."

"공식을 외워 봤자 어디다 써먹을 데도 없고 쓸모가 없잖아요."

이른바 '문과'에 속하는 많은 사람들이 중·고교 시절에 이러한 의문을 품거나 좌절을 맛본 적이 있을 것이다.

덧셈과 뺄셈, 곱셈과 구구단을 할 줄 모르면 일상생활이 불편하니 초등학교에서 배우는 '산수'의 쓸모는 다들 인정한다. 그러나 중학교에서 배우는 함수나 피타고라스의 정리, 고등학교에서 배우는 미적분 같은 '수학'이 등장하면 난이도가 쑥 올라가기 때문에 수식이나 그래프의 의미를 이해하기 어려워진다.

문과생이 '수학과 무관한 생활'을 하게 되는 시기는 사회에 나온 다음이 아니다. 대학에 들어간 시점에서 문과생은 수학과 작별을 고한다. 경제학처럼 수학을 사용하는 문과 분야도 있기는 하지만, 대체로 인문·사회 계열 학부에서는 수학을 쓸 일이 없다.

더욱이 사립대의 인문 계열 학부에 들어간 학생 중 상당수는 수험 과목으로 수학을 선택하지 않았다. 국공립 대학을 지망하는 사람은 한국의 수능과 같은 센터 시험을 치러야 하니 수학을 공부할 필요가 있다. 하지만 요즘은 수학 성적을 반영하지 않는 '사립대 인문 계열 학과'로 목표를 좁혀서 국어·영어·사회 공부만 하는 사람도 많다.

나는 사립대학에서 강의를 하기 때문에 이과생과 문과생 사이의 수학 실력 차이를 잘 알고 있으며, 문학부 소속이지만 교직 과정을 담당하므로 문과 학생만 가르치지는 않는다. 교사가 되기 위한 교직 과정 수업에서는 이과·문과 상관없이 다양한 학부에서 모인 학생을 함께 가르친다.

교직 과정 강의에서 어쩌다 이과 학생이 함수나 미적분을 화제에 올리는 일이 있다. 그렇다 해도 딱히 어려운 이야기는 아니다. 칠판에 수식을 줄줄이 쓰는 것도 아니고 단지 설명을 위한 도구로 수학의 개념을 꺼낼 뿐이다.

수학에 빗대어 이야기하는 것은 이과생들에게 지극히 일상적인 일이다. 회사원들이 회사의 조직론을 이야기할 때 스포츠에 비유하는 것과 비슷하다고나 할까?

그러나 문과 학생 중에는 수학 개념이 언급되는 순간 어리둥절해지며 대화 내용을 이해하지 못하는 사람이 있다. 반면, 이과 학생은 '고등학교에서 배웠던 내용인데 이런 기초적인 얘기도 못 알아듣다니'라며 놀란다. 나는 그런 모습을 몇 십 년이나 보아 왔다.

정말이지 안타까운 일이다. **이과생이든 문과생이든 수학의 사고법을 활용하면 세상일을 한층 깊이 이해할 수 있다.**

어려운 이야기도 스포츠에 비유하면 '아하, 그렇군' 하고 직관적으로 이해할 수 있는 것과 마찬가지다. **막연하고 콕 집어 정의하기 어려운 세상사가 수학적 사고를 활용하면 손에 잡힐 듯이 명쾌하게 이해되는 일이 우리 주변에는 얼마든지 있다.**

문과생에게 '사금' 같은 수학

나 자신도 천생 문과형이라고 생각하지만, 그럼에도 매일 미분이나 함수 같은 수학을 활용하여 매사를 생각한다. 물론 수식을 쓰고 정답을 구하지는 않는다. 어디까지나 **사고의 출발점이나 힌트를 얻기 위해 수학의 개념을 이용한다.**

말할 필요도 없이 내가 아는 수학 지식은 이공계 연구자와 비교하면 갓난아이 수준이다. 수험생이었을 당시 공통 1차 시험과 도쿄대의 2차 시험을 치르기 위해 수학을 열심히 공부한 정도다. 입시에는 수Ⅱ까지만 반영되었지만 고등학교에서 수Ⅲ까지 대강 배웠다.

당연하게도 그때 배운 내용을 전부 기억하지는 못한다. 현재의 센터 시험이나 도쿄대의 2차 시험 문제를 풀어 보라고 하면 쩔쩔맬 것이다. 하지만 머릿속에서 수학이 깨끗하게 지워지지는 않았다. 문제를 풀기 위해 외웠던 지식이나 요령 중 많은 부분이 사라졌지만 내 안에 확고하게 뿌리내린 수학도 있다. 나에게 수학은 단순히 시험 과목이 아니었다.

수험 생활을 끝낸 후에도 남은 것은, 말하자면 나에게 **'수학적인 사금'** 같은 것이다. 강바닥에 쌓인 모래를 전용 도구에 넣어 물로 씻어내면 비중이 무거운 사금만 남는다. 그처럼 고등학교까지 공부했던 수학 중에는 문과생인 나에게 비중이 무거운 사금이 있었다. 바로 **'수학적 사고법'**이다.

이과생들이 이 말을 들으면 '수학은 모두 소중한 사금이다!'라며 화를 낼지도 모른다. 내가 잊어버렸다고 해서 '흔해빠진 모래'로 치부하는 것도 불손한 일이기는 하다. 하지만 그 부분은 문과의 한계라 여기고 이해해 주길 바란다.

중요한 것은 **수학과는 인연이 없다고 생각하기 쉬운 문과생에게도 사금처럼 가치 있는 수학이 있다는 사실이다.** 어떤 일을 하든 수학이 도움이 될 때가 반드시 있다.

일상의 문제를 해결하기 위한 '읽는' 수학

예를 들어 중학교에서 배운 '이차방정식의 근의 공식'은 시험에서 좋은 점수를 받으려면 반드시 외워야만 하는 공식이었다.

이 책에서는 되도록 수식을 쓰지 않으려 노력했지만, 그리움에 젖어들도록 잠시 살펴보자(그림 1).

혹시나 싶어 말하자면 공식 1의 x는 미지수고 a, b, c는 상

그림 1 이차방정식의 일반형 [공식 1]

$$ax^2+bx+c=0$$

근의 공식 [공식 2]

$$x=\frac{-b\pm\sqrt{b^2-4ac}}{2a}$$

수(상수란 1이나 2와 같은 구체적인 값이다)다. 상수를 알면 그 수를 공식 2에 대입하여 x를 구할 수 있다.

덧붙여 '이차방정식'이란 'x의 제곱까지 포함하는 방정식'을 의미한다. 내친 김에 '방정식'과 '제곱'을 복습하자면 '방정식'이란 미지수 x를 사용한 등식(등호 '='로 묶은 식)을 말하며, 'x의 제곱'이란 x를 두 번 곱한 값($x^2=x\times x$)을 말한다. 생각이 났는가? 다들 중학교 시절에 이 공식을 써서 x의 값을 계산한 적이 있을 것이다.

하지만 근의 공식을 기억하지 못해도 대부분은 일상생활을 하고 회사 업무를 보면서 난처할 일이 없다. 수학 선생님 같은 극소수의 사람을 제외하면 근의 공식은 아무 쓸모가 없다.

물론 사정이 있어서 수학 시험을 치르고 좋은 성적을 받아야 하는 사람에게는 근의 공식이 필요하다. 시험을 치르지는 않더라도 소박한 호기심이나 향상심에서 새삼 수학 공부를 다시 하고 싶은 사람도 있을 것이다. 그런 사람은 근의 공식을 그저 통째로 암기하기보다 공식을 이끌어 내는 과정부터 배워 나가면 즐겁게 공부할 수 있으리라 생각한다.

그러나 미리 말해 두자면 이 책은 그런 사람들을 위해 쓰지 않았다. 오히려 **'수학 시험 따위 두 번 다시 보나 봐라', '공식과 씨름하는 건 사절이다'라고 생각하는 사람들에게 문과생인 내가 수학의 활용법을 제안하는 책이다.**

이차방정식도 근의 공식도 이 페이지를 끝으로 등장하지 않으니 안심하기 바란다. 아무래도 수식이 약간 나오기는 하지만 기본적으로 **'읽는 수학'** 책이므로 설명에 필요한 최소한의 수식만 나온다.

그러므로 이 책을 읽더라도 수학 문제를 풀고 정답을 맞힐 수는 없다. 하지만 **수학의 다양한 사고법을 익혀 일상의 문제를 깊이 이해하고 문제를 해결하기 위한 '답'에 다가설 수 있을 것이다.**

사이토 다카시

차례

제2장 함수 'f'에서 태어나는 무한한 아이디어

제3장 좌표 x축과 y축으로 세상을 평가한다

제1장

미분

수학적 사고의 '꽃'을
철저히 활용한다

문과는 좌절에 빠지고
이과는 감동에 빠지는 미분

문과생(문과생이라도 수학을 잘하는 사람이 있겠지만 여기서는 단순하게 생각하자)은 언제 수학을 포기할까?

사람에 따라 다르겠지만 "수학이 밥 먹여 주나."라고 투덜대면서도 중학교 때까지는 수학을 포기하지 않고 어찌저찌 따라갔던 사람이 많지 않을까 싶다. 요즘은 일본의 고등학교 진학률이 99퍼센트에 가까운 만큼, 입시를 위해 중학생 시절에는 대부분 수학을 열심히 공부했을 것이다.

그러므로 많은 문과생이 수학에 두 손을 드는 시기는 대체로 고등학생 시절이다.

고등학교 수학의 여러 단원 중에서도 가장 많은 사람을 좌절에 빠뜨리는 최대 관문이 '미적분'이다. 문과생에게 미적분은 '외계어처럼 느껴지는 수학'의 대명사라 해도 과언이 아니다.

한편 이과생에게 미적분은 고등학교 수학의 꽃과 같다. 미적분에 두 손을 든 사람은 믿기지 않겠지만 **특히 미분은, 미분을 이해한 사람에게 "수학은 굉장해."라는 감동을 안기는 분야다.**

미분을 이해하면 '고등학교 수학을 배우길 잘했다'는 보람을 느낄 수 있다. 문과생은 미분 앞에 무릎을 꿇고 만 데에 반해 이과생은 미분을 배우며 기쁨과 감동에 젖는다. 그러니 대학에서 문과생과 이과생 사이에 대화가 통하지 않는 것이 어쩌면 당연하다.

단, 미분 때문에 수포자가 된 사람이 많다고는 해도 미분 시험에서 0점을 받는 일은 거의 없다고 알려져 있다. 미분을 전혀 이해하지 못했더라도 특정한 계산 요령만 기억해 두면 다소나마 점수를 얻어 낼 수 있기 때문이다.

그 요령이란 '어떤 것을 미분하라는 문제가 나오면 지수를 x 앞으로 가져온 다음 오른쪽 위의 지수에서 1을 뺀다'이다. 예를 들어 'x^2을 미분하시오'라는 문제가 나오면 지수인 2를 x 앞으로 내리고, 오른쪽 위의 2에서 1을 뺀다. 즉, 'x^2을 미분하라'의 답은 '$2x$'다.

미분 시험에서는 대개 이런 자잘한 문제가 서너 문제 정도

나오기 때문에 정답을 맞히기 쉽다. 출제하는 선생님도 아마 보너스로 내는 문제일 것이다.

하지만 시험에서 점수를 몇 점 얻어 낸다 한들 미분을 '이해했다'고 할 수는 없다. 일상생활에서도 그런 요령은 아무 도움이 되지 않는다. 어쩌다 'x^2'을 보고는 "좋았어, 미분해 볼까?" 하고 팔을 걷어붙이거나 "x^2을 미분하면 $2x$야."라고 다른 사람에게 우쭐대며 가르쳐 주는 사람은 없다.

물론 이과생들도 고작 계산 요령에 '감동'을 받지는 않는다. **미분에 감동을 느끼려면 계산 요령을 외우기보다 미분의 본질을 이해해야 한다.**

0점을 피하기 위한 계산법조차 잊어버린 문과생도 많겠지만 미분의 본질을 이해하고 싶다면 굳이 떠올릴 필요는 없다. 지금 막 소개하기는 했지만 이제 깨끗이 잊어도 된다.

주식 투자 전문가는 어떻게 거품 붕괴를 예상할 수 있었나

그렇다면 미분의 본질은 무엇일까? 바로 **'특정 순간의 변화율'**이다. 변화율이라는 말이 잘 이해되지 않는다면 **특정 순간에 일어나는 변화의 '추세'**라고 이해하면 된다. **변화의 추세를 파악하는 것이 '미분적 사고'다.**

우리 주변에서는 물가, 주가, 아이의 학업 성적, 악기나 스포츠 숙련도 등 다양한 변화가 일어난다. 그러나 어떤 변화가 일어나고 있다는 사실은 알아도 **앞으로 그 변화가 어떤 방향으로 진행될지는 쉽게 알 수 없다.**

예를 들어 한동안 주가가 상승 곡선을 그렸더라도 오늘도 어제처럼 상승세가 이어진다고 장담할 수는 없다.

나는 주식 투자에 크게 실패한 경험이 있다. 30여 년 전 대학원에 다닐 때의 일이다.

세상은 거품 경기에 취해 있었지만 대학원생인 나는 수입이 거의 없었다. 거품과 전혀 인연이 없는 생활을 하며 오로지 책을 읽고 연구에 매진하는 나날을 보냈다. 그렇다 해도 경기가 호황이라는 말은 귀에 들어온다. 다들 "주가가 치솟고 있어." 혹은 "지금 주식을 안 사는 건 미친 짓이지." 하면서 들떴기 때문에 주식 투자에 아무런 관심이 없던 나도 그만 마음이 흔들리고 말았다.

수입은 거의 없었지만 저축한 돈은 조금 있었다. 어릴 때부터 갖고 싶은 물건도 사지 않고 참으면서 꾸준히 모아 둔 세뱃돈이었다.

지금 와서 생각하면 마가 끼었다고밖에 말할 수 없다. 나는 저축해 놓았던 몇 십만 엔을 털어 한 대기업의 주식을 샀다. 초우량 기업이니까 딱히 큰돈을 벌지는 못해도 손해를 보는 일은 없으리라 여겼다.

하지만 연말에 산 주식의 가격이 연초에는 빛처럼 빠른 속도로 급락했다. 소위 말하는 '거품 붕괴'였다.

그때까지 아무도 주가에 거품이 끼었다고 말하지 않았기에 나는 주가 하락에 너무 놀라 그저 어안이 벙벙했다. 그렇게 어린 시절부터 구두쇠처럼 모아 두었던 세뱃돈을 한순간에 날려 버렸다. 이제 두 번 다시 주식 투자에 손대지 않겠다고 맹세했다.

나중에야 알았지만, 주식 전문가들 사이에서 주가 급락은 그다지 놀랄 일이 아니었다고 한다. 내가 주식을 샀던 연말 시점에 이미 거품이 붕괴할 조짐이 있었다.

주식 초보자는 눈앞의 주가가 하늘을 찌르고 있으니 '앞으로도 줄곧 오를 것'이라 기대했지만 전문가는 주가 상승이 거의 정점에 달했다는 사실을 간파했던 것이다. 그들은 **주가가 최고치를 기록하고는 있지만 이미 상승 동력을 잃었으니 '곧 하락하리라'는 사실을 예상할 수 있었다.**

이러한 전문가의 진단이 바로 **'미분적 사고'**다. 설령 지난 수개월간 주가가 계속 올랐다 하더라도 **'지금 이 순간' 치고 나가는 힘이 없으면 속도를 잃고 추락한다.** 미분이란 **'순간의 기세'**다. 그래서 **미분적 사고를 하면 변화의 방향을 예상할 수 있다.**

특정 순간의 변화 추세를 나타내는 '접선의 기울기'

주가를 생각하면 알 수 있듯이 **'특정 순간의 변화 추세'는 '지금까지의 변화 추세'와는 다르다.** 예를 들어 과거 3개월간 한 기업의 주가가 10퍼센트 올랐다 해도 그것은 3개월간의 주가를 평균한 변화율이다. 오늘 이 순간의 흐름이 그와 일치한다고는 단언할 수 없다.

그런 변화의 동향을 '기울기'라고 한다. 기울기는 변화의 상태를 나타내는 그래프의 **'접선'**이 기울어진 정도를 말한다. 그리고 미분이란 곧 **'접선의 기울기'**다.

아까 'x^2을 미분하면 $2x$'라는 말을 했는데 '$2x$'는 한 점에서의 접선의 기울기를 의미한다. 수식뿐 아니라 세로축과 가

그림 2 접선의 기울기

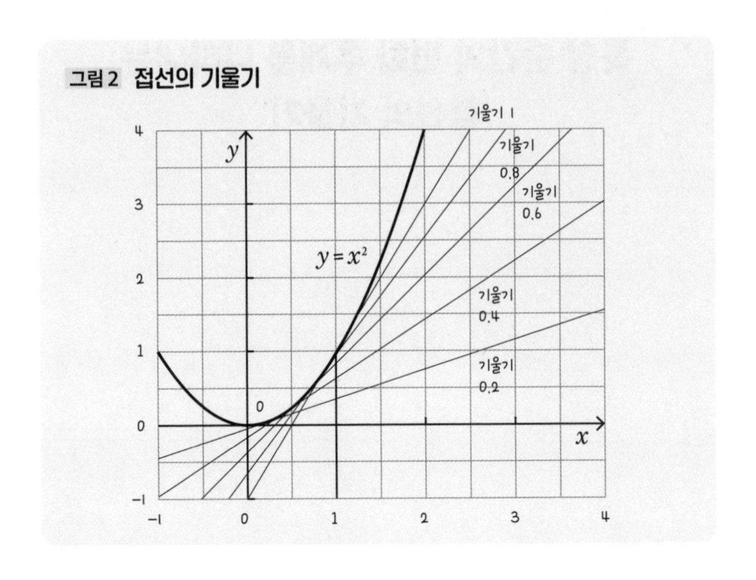

로축으로 나타내는 그래프 역시 꺼리는 문과생이 많겠지만, 그리 어려운 얘기는 하지 않을 테니 잠시 위의 그래프(그림 2)를 보길 바란다. 이는 '$y = x^2$'이라는 식을 그래프로 나타낸 것이다. 그래프를 보면 '접선의 기울기'의 의미가 저절로 이해될 것이다(접선이란 원이나 포물선 위의 한 점에서 만나는 직선이다. 삼차함수에서는 두 점 이상에서 만나기도 한다).

세로축(y축)의 오른쪽은 곡선을 그리며 값이 증가한다. 어느 점이든 접선의 기울기는 $2x$이므로 x가 증가할수록 기울기는 점점 우상향을 나타낸다. 세로축의 왼쪽은 x값이 음수이므로 x가 감소할수록 반대로 기울기는 점점 우하향을 나타낸다.

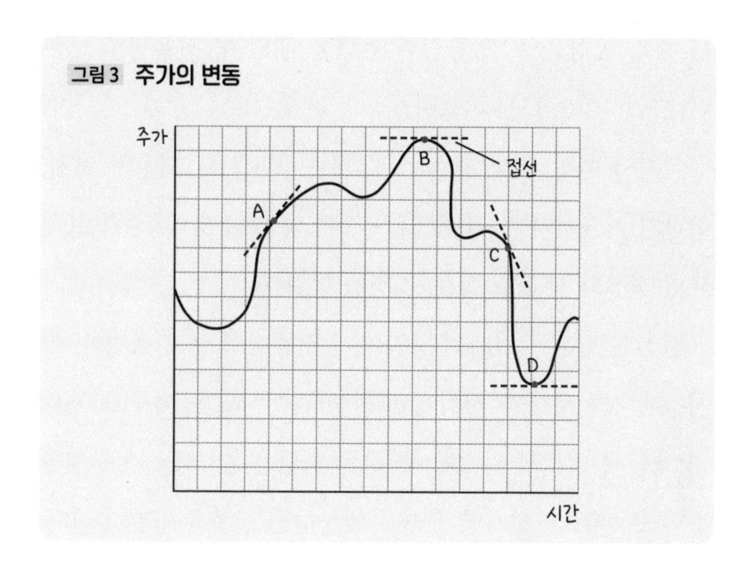

그림 3 주가의 변동

다음으로 주가의 변동을 나타낸 그래프(그림 3)를 보자.

세로축이 '주가', 가로축은 '시간의 변화'를 나타낸다. 점 A는 주가가 쭉 상승하는 시기, 점 B는 주가가 정점에 도달했을 때, 점 C는 주가가 계속 하락하는 시기, 점 D는 주가가 바닥을 쳤을 때다. 각각의 점을 미분하여 기울기를 계산하면 A의 접선은 우상향을 보인다. 미분적 사고를 하는 사람은 상승세인 기울기를 보고 '오늘은 매수할 타이밍'이라고 판단한다. 반면 C점의 접선은 우하향이다. 그렇다면 이날의 주가는 하락세에 들어섰으니 미분적 사고를 하는 사람이라면 '살 때가 아니다'라고 판단한다.

A와 C에 대해서는 미분적 사고를 하지 않더라도 전날까지

의 주가 동향을 보면 동일한 판단을 내릴 수 있을지도 모른다. 그러나 B와 D는 어떨까?

여기서 아까 말한 '$y = x^2$' 그래프(그림 2)를 떠올려 보자. 접선의 기울기가 '수평'이 되는 점이 딱 하나 있다. 주가 그래프의 점 B와 점 D도 실은 그 점과 똑같다.

점 B인 날은 전날까지 주가가 순조롭게 오르고 있었다. 이 시점에서는 주가가 정점에 도달했다는 사실을 아무도 모르기 때문에 미분적 사고를 못 하는 사람은 '주식을 사도 괜찮겠다'고 여긴다. 하지만 점 B를 미분하면 접선은 수평이 된다. 즉, 이미 치고 올라갈 힘을 잃었다. 미분적 사고를 할 수 있는 사람은 기울기를 보고 '내일부터 주가가 떨어질지도 모른다'고 생각한다. 30년 전의 나는 접선의 기울기를 알아채지 못해 하락 시점에 주식을 사고 말았다.

반대로 점 D에서는 전날까지의 주가 동향을 보면 매수를 망설이게 된다. 그러나 미분하면 접선은 수평을 나타낸다. 주가 하락이 힘을 잃은 것이다.

미분적 사고를 하는 사람은 이런 변화를 간파하여 주가가 바닥을 친 시점에 주식을 사서 대박을 터뜨릴 수 있다.

스포츠 지도자도 갖추어야 할 미분적 사고

약간 수학 교과서 같은 분위기에 난감해진 독자도 있을 것이다. 하지만 걱정할 필요 없다. 우리가 수학을 일상생활에서 활용하기 위해 수식을 쓰고 '순간 기울기'를 계산할 필요는 없으니 말이다.

내가 권하고 싶은 것은 '변화를 미분하기'가 아니라 어디까지나 미분'적' 사고로 주변에서 일어나는 변화를 읽어 내는 것이다.

그러기 위해 필요한 '미분의 본질'에 대한 지식은 이미 알려 주었다. 미분의 본질이 무엇인지만 머리에 넣어 두고 있으면 우리 주변에서 변화하는 **'지금 이 순간'의 기울기**에 주목하게 될 것이다.

예를 들어 학업이나 스포츠에 매진하는 사람의 성장도를 그래프로 나타내 볼 수 있다. 그래프의 성장 곡선은 나의 '변화를 나타내는 기록'이다.

당연한 말이지만 모든 사람의 성장 곡선 그래프가 다 똑같지는 않다. 초등학교에 입학했을 때부터 중학교를 졸업할 때까지의 성적 변화를 그래프로 그려 보면 성적의 흐름에 저마다 우여곡절이 있다는 사실을 알 수 있다.

우상향 또는 우하향하는 일직선 그래프를 그릴 수 있는 사람은 없다. 양 끝 점(초등학교 1학년 때의 성적과 중학교 3학년 때의 성적)을 이으면 직선이 되겠지만, 첫 번째 점부터 마지막 점에 이르는 과정은 제각각이다. 상승과 하락을 반복하는 사람도 있고, 처음 몇 년간은 정체 상태였다가 도중에 급격히 상승하거나 하락한 사람도 있다.

처음에는 한동안 순조롭게 성적이 올랐는데 어느 시점부터 성적이 하락 일변도였던 사람은 '그때 뭔가 손을 썼어야 했는데…'라고 후회할지도 모른다.

그러나 만약 미분적 사고를 하는 선생님이나 부모님이 계셨다면 어땠을까? **성적이 오르고 있을 때도 상승하는 기세(기울기)가 조금씩 무뎌지고 있다는 사실을 알아챘을지도 모른다.**

거품이 붕괴하기 전에 붕괴 조짐을 알아챈 주식 전문가가 '지금은 사지 말고 팔 때'라고 판단할 수 있었던 것과 마찬가지로 상승세가 꺾이려 하는 시점에서 곧 위기가 오리라는 사실을 알아챘다면 성적이 떨어지지 않도록 조언할 수 있다.

미분적 사고는 스포츠 지도자 역시 갖춰야 할 사고법이다.

나는 20대에 테니스 코치를 한 적이 있다. 내가 가르치던 아이들의 플레이를 쭉 지켜보다가 간혹 '어? 정체기에 들어갔군' 하고 깨닫는 일이 있었다. 지난주까지는 순조롭게 실력이 느는가 싶었는데 그날의 플레이에서는 왠지 부족함이 느껴졌다. 반대로 아무리 연습해도 좀처럼 실력이 늘지 않던 아이의 플레이에 순간 상승세를 느낄 때도 있었다. 둘 다 그 시점에서 전환점을 맞이했던 것이다.

나는 그 사실을 가끔가다 알아챘지만 실력이 뛰어난 코치의 눈에는 늘 보이지 않았을까? 그런 미분적 사고가 가능한 지도자를 만난 선수는 행복한 선수다.

테니스부든 유도부든 체조부든 연습한 만큼 결과가 따르지 않아 싫증이 나는 사람이 많을 것이다. 어쩌면 '더 이상 실력이 늘지 않으니 그만두고 싶다'는 말을 꺼낼지도 모른다. 하지만 미분적 사고를 하는 코치는 포기하려는 팀원에게 다음과 같은 격려의 말을 건넨다.

"지금 그만두면 여태 해왔던 연습이 물거품이 될 거야. 당장은 결과가 눈에 보이지 않아도 실력이 느는 지점에 거의 다 왔어. 앞으로 2주, 늦어도 한 달 후에는 주위에서 깜짝 놀랄 만큼 급성장할 테니까 조금만 더 계속해 보자."

주식 투자에 비유하자면 보유한 주식의 가격이 좀처럼 오르지 않아 참다못해 "이제 팔아 버리고 싶어."라는 사람에게 "아니야, 조금만 더 기다리면 오를 거야."라고 충고하는 것과 같다.

미분적 사고를 하는 사람은 지금까지의 변화율에 휘둘리지 않고 각각의 변화가 앞으로 '오르막'으로 향할지 아니면 '내리막'으로 향할지 간파할 수 있다.

일본인의 가슴에 제행무상을 새긴 '헤이케 곡선'

미분적 사고를 하려면 무엇보다 먼저 **모든 일은 '변화'를 거듭한다**는 시각으로 세상을 보아야 한다. **변화가 있기에 그 변화를 미분할 수 있다.**

지금의 상태가 변함없이 이어지리라 믿고 멍하니 있다가는 매 순간의 기울기가 어떤 상태인지 깨닫지 못한다.

실제로 이 세상에 변하지 않는 것은 거의 없다. 일찍이 우주는 시작도 끝도 없는 영원불변한 것이라 여겨졌지만, 실은 빅뱅이라는 시작이 존재하고 계속해서 팽창하며 변화한다는 사실을 알았다.

우리 주변만 둘러봐도 계절은 항상 움직이고 있다. 봄부터 여름까지 기온이 서서히 오르다가 가을부터 겨울까지 서서히 내려간다.

우리의 인생 역시, 태어나 죽을 때까지 변화의 연속이다. 예부터 일본인들은 우리 인생에 영원한 것은 없고 항상 변한다는 **'무상관**無常觀**'**을 이야기해 왔다.

*기원정사의 종소리는 제행무상*諸行無常*의 울림이니.*
*사라쌍수*沙羅雙樹*의 꽃잎 빛깔은*
*성자필쇠*盛者必衰*의 이치를 드러내노라.*
자만하는 자 오래가지 못하고 그저 봄날 밤의 꿈과 같노니.
용맹한 자도 끝내는 쓰러지고
한갓 바람 앞의 먼지와 같노라.

흥망성쇠를 다룬 일본의 고전 문학 《헤이케모노가타리》平家物語의 첫머리다. **'제행무상'**이란 모든 사물은 그대로 머물러 있지 않으며 끊임없이 변화한다는 말이다. **'성자필쇠의 이치'**는 정점을 맞이한 다음에는 내리막길을 걸을 수밖에 없다는 뜻이다.

이 한 구절을 마치 유전자처럼 가슴에 새긴 일본인은 미분적 사고를 하기 위한 기본을 갖추었다고 할 수 있다.

그림 4 **헤이케 곡선**

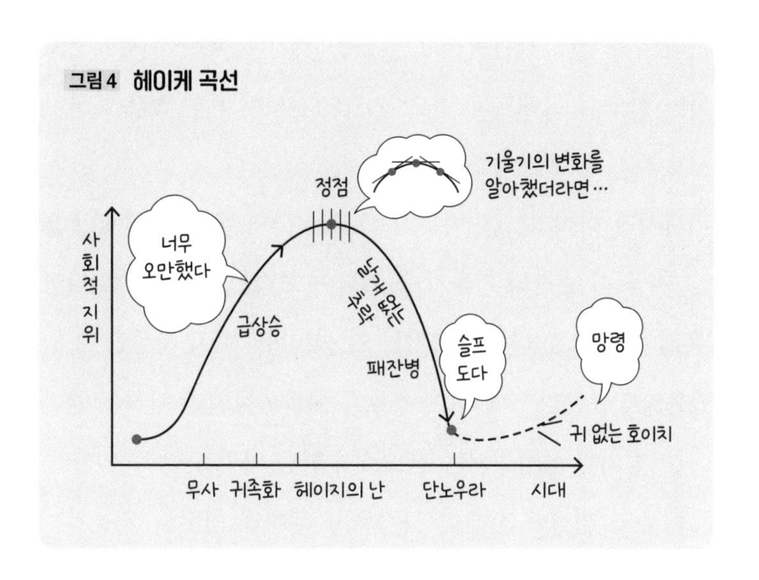

제행무상, 성자필쇠의 감각을 그래프로 그려 머리에 새겨 놓으면 미분적 사고력을 한층 강화할 수 있다. 이 그래프를 **'헤이케 곡선'**이라 이름 붙일까 한다(그림 4).

세로축은 헤이케의 사회적 지위, 가로축은 시대다. 원래는 내세울 것 없던 헤이케 일족이 무사로서 높은 평가를 받는 시점부터 헤이케 곡선은 오르막에 들어선다. 이어서 조정으로부터 관작을 수여받고 귀족화되었다. 헤이지의 난 이후 헤이케 가문의 수장인 다이라노 기요모리가 무사로서는 처음으로 장관 대신 자리에 올라 일본 최초의 무가武家 정권을 수립한다. 훗날 뒤돌아보면 그때가 헤이케 곡선의 정점이었다.

곡선을 미분하면 그 이전부터 기울기(접선)가 점점 완만해지면서 수평에 가까워지고 있었을 것이다. 미분 시험에서도 어떤 함수의 그래프를 주고 '기울기가 0이 되는 x값을 구하시오'라는 문제가 자주 출제된다.

하지만 다이라노는 미분적 사고를 하지 못했다. **자신이 놓인 '지금 이 순간의 기울기'를 꿰뚫어 보려는 자세가 있었다면 '혹시 우리 요즘 너무 잘나가는 거 아닐까?' 하고 자성할 수 있었을지도 모른다.** 그러나 스스로를 되돌아보기란 어려운 일이다. 그렇기에 성자필쇠는 거스르기 힘든 이치라 할 수 있다.

이윽고 겐페이 전쟁이 시작되자 헤이케 곡선의 기울기는 삽시간에 내리막으로 돌아섰고, 헤이케의 세력은 곤두박질치다시피 추락했다. 그리고 단노우라 전투를 끝으로 결국 헤이케는 멸망했다.

그 후에도 헤이케의 '망령'이니 '패잔병'이니 하는 자들이 남아서 마지막 발버둥을 쳤지만, 점선으로 그리면 그저 여운에 지나지 않는다.

네 번째 예명으로 비로소 상승세를 탄 가수 이츠키 히로시

'성자필쇠'라 말하면 꿈도 희망도 없는 이야기처럼 들리지만, 헤이케 곡선의 기본은 '제행무상'이다.

최종적으로 헤이케는 멸망했으나 아무도 알아주지 않던 일족이 무서운 기세로 상승한 시기가 있었다는 사실도 잊으면 안 된다. 즉, **지금은 일이 잘 풀리지 않는 사람이라도 계속 그러리라고 단정할 수는 없다.**

예를 들어 연예인 중에는 데뷔하자마자 맹렬한 기세로 인기가 치솟으며 단숨에 톱스타 자리에 오른 사람도 있지만, 그런 사람은 극히 일부일 뿐이다.

데뷔했어도 별다른 활약을 하지 못한 채 몇 년이나 바닥을 전전하며 무명으로 지내는 사람도 많다. 특히 한국의 트로트와 비슷한 엔카 가수 중에는 노래를 히트시켜 NHK 〈홍백가합전〉에 나가기 전까지 쓰디쓴 세월을 보내는 사람이 많다.

지금은 〈홍백가합전〉 단골 가수이자 국민 가수인 '이츠키 히로시'도 그랬다. 처음에는 '마쓰야마 마사루'라는 예명으로 열일곱 살에 데뷔했는데 3년이 지나도록 히트곡을 내지 못했다. 예명을 '이치조 에이치'로 개명하고 다시 데뷔했지만 이때도 인기를 얻지 못했다. 또다시 '미타니 켄'이라는 이름으로 데뷔를 했으나 역시 인기를 얻지 못했다.

예명이 5년간 두 번이나 바뀌었지만 인기는 오르지도 내리지도 않은 채 변화가 없는 상태였다. 그래프는 낮은 지점에서 수평을 그릴 뿐이다. 긴자에 있는 클럽에서 노래하며 상당한 수입을 얻기는 했지만 화려한 연예계에서 활약할 수 있을 만한 '기세'는 좀처럼 나오지 않았다.

그런데 데뷔한 지 6년 후, 느닷없이 기울기가 우상향을 그렸다. 그는 〈전 일본 가요 선수권〉이라는 오디션 프로그램에서 관중을 사로잡는 퍼포먼스를 선보이며 10주 우승을 달성했다. 좋아하던 프로그램이어서 10주 동안 빠짐없이 보았는데, 어느 순간부터 그가 우승하면 심사위원의 눈이 촉촉해지던 모습을 기억한다. 오디션 프로그램 도전을 마지막 기회라 여기고 '이번에도 실패하면 고향으로 돌아가겠다'는 그의 굳은 각오가 무서운 상승세를 낳았는지도 모른다.

그랜드 챔피언에 빛나던 미타니는 '이츠키 히로시'로 개명한 후 노래 〈요코하마 황혼〉으로 네 번째 데뷔를 했다. 이 노래가 크게 히트하여 인기가 급상승했고, 현재까지 연예계에서 안정된 지위를 유지하고 있다.

《헤이케모노가타리》의 이미지가 강해서인지 제행무상이라는 말에는 멸망으로 치닫는 허무함이 느껴진다. 그러나 이츠키가 거둔 성공은 그가 변화했기 때문에 가능했다.

모든 것은 끊임없이 변하므로 순풍을 탔다고 방심해서는 안 되듯이 역풍이 분다고 포기할 필요도 없다.

데이트의 '설렘 곡선'을 미분하라

우리의 일상에는 종종 **'포기가 중요할 때'**도 분명 있다. 앞으로 더 이상 좋아지지 않으리라는 사실을 깨닫고도 포기하지 않은 채 집착해봤자 소용없는 일이다.

예를 들어 나의 친척 중에는 외국에서 일본 음식이 유행하던 시기에 초밥 식당을 운영하던 사람이 있다. 그러나 장사가 잘 되는데도 불구하고 어느 날 가게를 접었다. 슬슬 일본 음식의 인기가 식을 때라 내다보고는 다른 사업을 시작하려고 서둘러 손을 뗀 것이다.

보통 초밥 식당을 그만둔다는 말을 들으면 '이번에는 무슨 음식점을 차리려나?' 싶어진다. 그런데 친척이 새로 시작한 사업은 가사 대행 서비스였다. 이제껏 해온 일과 전혀 다른 일이지만, 집안일을 대신해 줄 사람을 부유층 가정에 파견하는 이 사업은 밑천이 거의 들지 않고 실패할 위험도 적다고 판단하여 결정했다고 한다. 시작해 보니 예상보다 수요가 많아 사업이 번창하는 중이라고 했다. 시류에 딱 맞는 사업이었던 것이다.

이런 사람을 가리켜 흔히 **'기회를 민첩하게 포착한다'**라고 평한다. 바로 순간적인 기울기의 변화를 알아채는 감각이 예민하다는 뜻이다. 다시 말해 '미분 감각'이 뛰어났기 때문에 일본 음식 유행이 사양길에 접어들었다는 사실과 부유층이 지금 무엇을 원하는지를 간파할 수 있었다.

이러한 미분 감각을 연애에도 응용할 수 있지 않을까?

똑같은 상대방에게 연애 감정을 느끼는 기간은 길어야 3년이라고 한다. 물론 3년이 지나도 계속 사귀면서 결혼에 골인하는 일은 얼마든지 있지만 4년째, 5년째에 들어서면 기존의 연애 감정과는 다른 감정이 된다. 연애 특유의 설렘은 사라지고 가족이나 친구에게 느끼는 친근함으로 변해 가는 것이 보통이다. 또 '길어야 3년' 사이의 연애 감정도 결코 일정하지 않다. 오르막도 있고 내리막도 있다.

상대에 대한 마음을 나타내는 **'설렘 곡선'**을 그려 보면 첫 만남에서부터 서서히 상승하는 사례는 별로 없다. 대체로 처음부터 강렬한 심장 박동을 느낀다. 첫 데이트에서 느낀 두근거림의 기세란 그야말로 굉장하다. 거의 수직에 가까운 기울기를 보이는 일도 많을 것이다.

그 기세 덕분에 설렘 곡선은 오르막을 그리지만, 두 번째 데이트에서도 기울기가 똑같으리라고는 단정할 수 없다. 곡선을 보면 서로의 마음이 순조롭게 뜨거워지는 것처럼 보이지만 첫 데이트만큼 기울기가 크지는 않다.

세 번째 데이트에서는 기울기가 더욱 완만해지고 어쩌면 수평에 가까워졌을 가능성도 있다. 입으로는 "너랑 있으면 즐거워."라고 말해도 미분적으로 보면 첫 데이트 때보다 열정이 식어 설렘의 전환점에 접어들려 하고 있을지도 모른다.

미분 감각을 익히면 매 순간의 행복을 깨달을 수 있다

그렇다고 해서 '이제 헤어지자'고 결론지을 필요는 없다. 영원토록 불타오르는 연애를 하고 싶다면 모를까, 연애 감정이 옅어져도 친애의 정이 있으면 연애를 계속할 수 있고, 결혼까지 생각한다면 오히려 그 편이 좋다. 그러니 **연애 곡선에 그늘이 드리워진다면 '친구 곡선'으로 이행하면 된다.**

친구와 깊은 관계를 맺는 방법은 연애 관계를 맺는 것과 다르다. '설렘'이라는 기폭제는 없기 때문에 첫 만남부터 기울기가 서서히 커진다. 만나서 이야기하면 할수록 사이가 좋아지다가 이윽고 기울기가 수평에 가까운 상태가 되고, 좀 더 지나면 관계가 더욱 돈독해진다.

이것이 전형적인 친구 곡선의 형태가 아닐까? 그러므로 연애 감정에서 시작된 상대와의 관계를 오래 이어 가고 싶다면 끊임없이 설레길 바라기보다 점차 친구 같은 감각을 키우도록 해야 한다.

나는 예전에 《카페에서 두 시간도 앉아 있지 못하는 남자와 사귀지 마라!》喫茶店で2時間もたない男とはつきあうな!라는 책을 냈다. 결혼 생활의 기본은 '대화'이기 때문에 상대의 외모에만 설렘을 느껴서는 오래가지 못한다. 매일매일 똑같은 상대방과 얼굴을 마주하고 용건이 있든 없든 이런저런 대화를 나누는 것이 결혼 생활이다.

따라서 평생의 반려자를 원한다면 대화가 잘 통하는지 여부가 매우 중요하다. 카페에서 두 시간도 견디지 못해서야, 설령 처음에는 심장이 마구 콩닥거렸더라도 두 번째 데이트부터는 설레지 않을 것이다. 처음 두 시간만 미분해 보아도 앞날이 보인다. 어쩌면 빨리 단념하는 편이 서로를 위한 길일지도 모른다.

반대로 처음에는 그다지 설레지 않았어도 두 시간 이야기하는 사이에 기울기가 서서히 커져 가는 상대라면 다음 데이트는 더욱 즐거울 것이다. 그렇게 서서히 기울기가 커져 가는 상대와 만나는 편이 오래도록 행복한 관계를 이어갈 수 있는 방법일지도 모른다.

'꽃잎 빛깔은 덧없이 바래지고 이 몸 역시 수심에 잠긴 사이 세월만 흘렀구나.'

시집《백인일수》百人一首에 실려 있는 오노노 코마치의 유명한 시에도 어딘지 모르게 미분 감각이 스며 있다. 사랑이니 뭐니 하며 고뇌하는 사이에 자신의 용모가 시들었듯이 봄장마 사이에 벚꽃은 완전히 색이 바랬다는 내용이다. 젊을 때는 절세미인으로 이름을 떨친 오노노도 세월의 흐름은 거스를 수 없었던 모양이다.

변화란 어떤 의미에서는 잔혹하다.

그러나 변화를 예측하고 미분적으로 사고하며 살아간다면, 마른 나뭇잎에도 어린잎에 없는 매력이 있듯이 매 순간의 행복감을 맛볼 수 있다.

발전이 '정비례'로 이루어졌다면 인간 게놈 계획은 완성까지 700년

그런데 우리 인간에게는 변화에 대한 강한 '맹신'이 있다. 특히 무언가가 '발전'할 때 맹신이 싹트기 쉽다.

스포츠나 악기 숙련도처럼 개인의 발전뿐 아니라 사회 전체의 과학기술 발전 같은 커다란 문제에서도 **우리는 변화를 나타내는 그래프가 45도로 '직선'을 그린다고 믿곤 한다.**

세로축이 발전의 정도, 가로축이 시간인 그래프가 직선을 그린다면 계속 동일한 페이스로 발전이 이루어진다는 의미다. 즉, 경과한 시간에 정비례하여 발전한다.

시급이 1000엔인 아르바이트를 두 시간 하면 2000엔, 여덟 시간 하면 8000엔을 받는 것이 정비례다. 마찬가지로 발전이라는 현상에 대해서도 우리는 **'1년간 이만큼 발전했다면 앞으로 3년 동안에도 정비례로 발전한다'고 생각하기 십상이다.** 하지만 그런 생각은 대개 환상일 뿐이다. 세상일은 반드시 정비례로 이루어지지 않는다.

그러한 점이 '게놈 해독 프로젝트'로 분명하게 드러났다. 이는 인간의 모든 유전자 염기 배열을 해석하려는 장대한 프로젝트로 '인간 게놈 계획'이라고도 불린다.

미국에서 최초로 시작되어 국제적인 협력 아래 진행되었는데, 인간 게놈의 정보량이 워낙 방대해서 처음에는 1퍼센트 해독하는 데 7년이나 걸렸다. 정비례 개념으로 보면 100퍼센트 해독하기까지 700년이나 걸린다는 뜻이다. 지금으로부터 700년 전이면 일본은 가마쿠라 막부 시대다. 정신이 아득해지는 이야기다.

그러나 당시에 '앞으로 7년이면 인간 게놈을 100퍼센트 해독할 수 있다'라고 예상한 인물이 있었다. 인공지능 연구로 유명한 미국의 미래학자 **'레이 커즈와일'**이다.

레이 커즈와일(1947~)
미국의 미래학자. 인공지능 연구의 세계적 권위자.

기술적 특이점을 뜻하는 이른바 **'싱귤래리티**singularity**'**와 관련하여 커

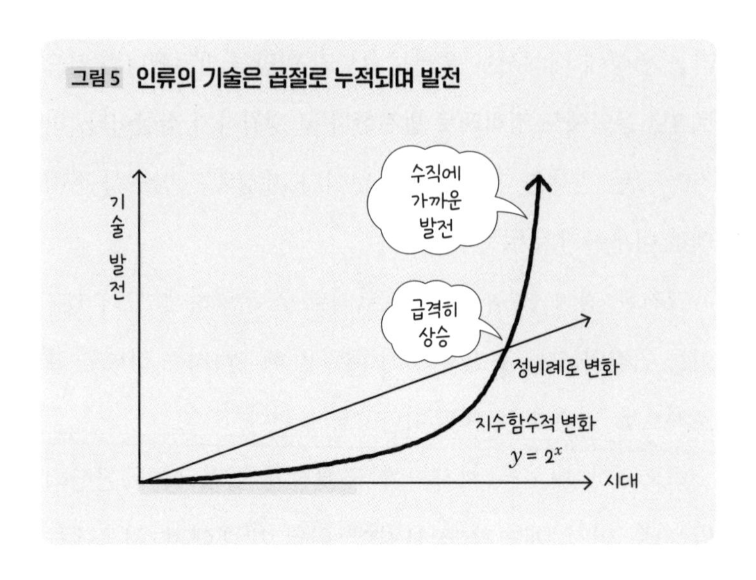

즈와일의 이름을 들은 적이 있는 사람도 많을 것이다. 싱귤래리티란 기술이 발전하는 속도가 무한대에 가까워지며 인간의 능력을 뛰어넘은 인공지능이 스스로를 개량하기 시작하는 현상을 말한다. '기술이 무한대의 속도로 발전한다'는 게 어떤 것인지 상상조차 하기 힘든데, 커즈와일은 싱귤래리티가 2045년에 일어난다고 예언했다.

싱귤래리티가 발생하는 이유는 인류의 기술 발전이 위와 같은 그래프(그림 5)를 그리기 때문이다. 지금까지의 인류사를 되돌아보면 **테크놀로지는 일직선을 그리는 정비례가 아니라 '곱절'로 쌓이며 발전해 왔다**는 것이다.

1, 2, 4, 8, 16, 32 …. 이렇게 곱절로 늘어나는 방식은 처음에

는 기울기가 작다. 그러나 그래프를 보면 알 수 있듯이 곱할수록 기울기가 급격히 커진다.

예를 들어 두께가 0.1밀리미터인 종이를 반으로 접는 작업을 반복하면 어떻게 될까? 실제로는 그렇게 많이 접을 수 없지만 이론적으로는 51번 접으면 종이 두께가 지구에서 태양까지의 거리와 같아진다고 한다. 이 말을 듣고 보면 '발전 속도가 무한대가 되는' 현상이 일어나도 이상하지 않을 법하다.

덧붙여 이렇게 기울기가 눈덩이처럼 커져 가는 형태의 그래프를 그리는 함수를 **'지수함수'**라고 한다. y값(세로축)이 1, 2, 4, 8, 16, 32 … 하고 곱절로 커지는 함수식은 $y = 2^x$다. 2^2, 2^3, 2^4 … 이렇게 지수 x가 커질수록 y값이 커지므로 '지수함수'라고 한다.

그가 말하는 싱귤래리티가 일어날지 여부는 둘째 치고, 인간 게놈 계획에서는 분명 지수함수와 같은 추세로 기술이 발전했다. 그리고 실제로 정비례한다면 700년 걸렸을 해독 작업이 그의 예언대로 7년 만에 완료되었다.

눈 깜짝할 사이에 추락한 나의 첼로 연주 실력

직관적으로는 정비례로 늘어날 것 같아 보이는 일이 모두 지수함수처럼 곱절로 늘지는 않는다. **올바른 예측을 하려면 '정비례'라는 직관에 휘둘려서는 안 된다.**

예를 들어 똑같이 테니스 초심자라도 실력이 느는 페이스는 각자 다르다. 숙달 속도가 모두 정비례로 늘지는 않는다.

센스가 있는 사람은 처음 두세 번만 연습해도 실력이 쑥쑥 늘지만, **계속해서 실력이 정비례로 늘 것이라 생각한다면 큰 착각이다.** 처음 시작할 때는 본인의 타고난 센스에 의지하는 부분이 크기 때문에 똑같은 연습만 반복하면 얼마 못 가 실력이

제자리걸음을 한다. 그래서 특정 순간의 기울기를 파악하는 미분적 사고가 필요하다.

'마이너스 발전', 즉 '실력이 떨어질' 때도 반드시 정비례로 하락하지 않는다. 악기는 연습을 게을리하면 연주에 서툴어지지만 반드시 시간에 비례하여 실력이 줄지는 않는다.

부끄럽지만 나의 첼로 실력이 그 사실을 증명한다. 첼로를 배우기 시작하고 나서 한동안은 순조롭게 실력이 늘어 모차르트의 짧은 곡도 연주할 수 있었다. 그러나 도중에 여러 사정이 생겨 선생님이 그만두시고, 레슨이 중단되기가 무섭게 첼로 연주 실력은 급격히 하락했다. 모차르트를 능숙하게 연주하지는 못한다 쳐도, 모차르트를 연습할 수준까지 익혔다면 간단한 연습곡 정도는 연주할 수 있지 않나 싶을 것이다. 그러나 현실은 가혹하다. 악기를 손에 들고는 '어디가 도였더라?' 하고 머리를 싸매는 초보자 수준까지 눈 깜짝할 사이에 추락하고 말았다(그림 6).

난감한 점은 주위 사람들은 내가 '그럭저럭 첼로를 켤 줄 안다'고 생각한다는 사실이다. 연주할 줄 아는 사람이 옆에 있으면 "한번 연주해 주실래요?"라고 부탁하고 싶은 것이 사람 마음이다.

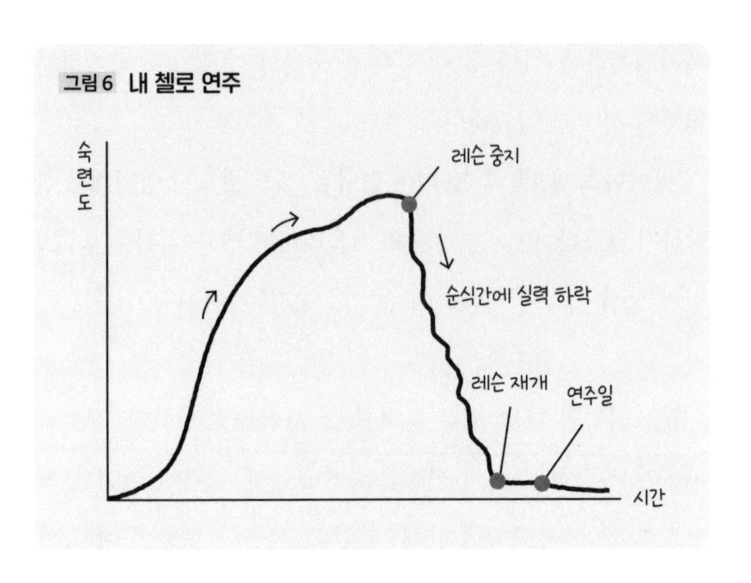

그림 6 내 첼로 연주

실제로 TBS의 〈뉴스 캐스터〉 오프닝에 넣을 음악이 기획되었을 때, 연주를 의뢰받았다. 아즈미 신이치로 아나운서가 제작진에게 "사이토 선생님은 첼로를 켤 줄 아시니까 연주를 부탁하면 어떨까요?"라고 제안한 모양이었다.

어디가 도인지도 짚지 못하는 상태인데 TV에서 연주를 한다니 당치도 않았다. 그래서 "이제는 연주 실력이 바닥입니다."라고 일단 사양했다. 하지만 사람은 **'정비례 환상'**을 품기 때문에 그 짧은 시간 동안 실력이 떨어졌으리라고는 생각하지 않는다. 내가 겸손을 떤다고 생각하고는 결국 기획이 진행되고 말았다.

도저히 거절할 수 없는 상황이라 할 수 없이 연습을 다시 시작했지만 몸이 전혀 따라주지를 않았다. 하지만 뭐든 연주해야만 방송이 나갈 수 있다. 그래서 궁여지책으로 작곡가에게 부탁해서, 첼로는 한 가지 음만 반복할 뿐이고 나머지는 다른 연주자 분들이 맡아서 연주하는 짧은 곡을 받았다.

"사이토 선생의 왼손가락이 전혀 안 움직이는데."

연주를 보던 코미디언의 지적이 모든 것을 말해 준다.

자전거와 생크림의 공통점

연습을 게을리했다고 해서 모두 나처럼 단번에 초보자 수준으로 곤두박질치지는 않는다.

내가 첼로를 연주하지 못하게 된 까닭은 배운 기술이 내 안에 완전히 자리 잡지 않았기 때문이다. 한마디로 말해 '숙련된' 상태가 아니었다. 일단 모차르트를 연주할 수는 있어도 적당히 흉내만 내는 수준이었을 뿐 '눈 감고도 연주할 수 있는 상태'가 아니었다고 할 수 있다.

완벽히 뿌리내린 기술은 그리 쉽게 사라지지 않는다. 예를 들어 자전거가 그렇다.

신기하게도 한번 자전거를 탈 줄 알게 되면 그 기술은 거의 평생 간다. 자전거 타는 법을 잊는 사람은 없다. 몇 년 동안 타지 않아도 자전거에 걸터앉으면 자연스럽게 페달을 밟고 나아갈 수 있다.

자전거 타는 실력 역시 정비례로 서서히 늘지 않는다. '어제보다 오늘은 자전거 타는 실력이 좀 늘었다'는 경험을 한 사람은 거의 없다. 스포츠로 접근해 본격적으로 자전거 경기에 도전하는 사람은 별개지만, 일상생활에서 자전거를 탈 때는 '탈 줄 모르는 상태'와 '탈 줄 아는 상태' 두 가지뿐이다. 처음 배울 때는 균형을 못 잡고 몇 번이나 넘어지다가 어느 순간 갑자기 '안 넘어진다!' 하는 상태가 되고, 그때는 이미 타는 법을 완벽히 익힌 것이다.

자전거 배우기 그래프를 미분하면 기울기가 0인 상태였다가 돌연 기울기가 거의 수직이 되고, 이후에는 다시 기울기가 0인 상태가 쭉 이어진다.

자전거를 탈 수 있게 되기까지 넘어지는 횟수는 배우는 사람의 균형 감각과 가르쳐 주는 사람의 강의 방법에 달렸다. 두세 번만 넘어지고도 금세 타는 법을 익히는 사람도 있지만, 자신의 센스가 부족한 데다 가르치는 방식까지 서투르면 50번을 넘어져도 타지 못한다.

이럴 때 무엇이든 정비례로 발전한다고 생각하면 싫증이

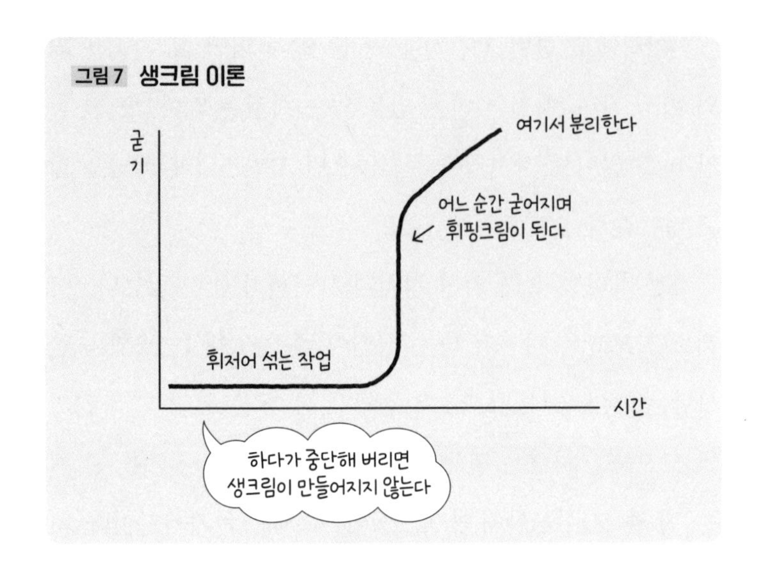

나서 포기하게 된다. **정비례 환상을 버리고 '나도 모르는 사이에 탈 수 있게 된다'고 믿는 것도 미분적 사고의 한 종류라고 말할 수 있다.**

그런 갑작스러운 변화는 어느 순간 **'양'이 '질'로 바뀌면서** 일어난다. 아무것도 변하지 않는 듯 보였어도 **쌓아 올린 양이 일정한 단계에 도달하는 순간, 질로 바뀐다.** 나는 이것을 **'생크림 이론'**이라고 부른다(그림 7). 휘핑크림을 만들어 본 적이 있는 사람은 설명하지 않아도 알 것이다.

어린 시절, 어머니가 나에게 생크림을 만드는 작업을 맡긴 덕에 정비례 환상을 버릴 수 있었다.

액체인 생크림은 젓는 횟수에 따라 조금씩 굳지 않는다. 팔이 떨어져라 저어 대도 굳을 기미가 안 보여서 '헛수고를 하는 게 아닐까?' 하는 좌절감이 든다.

그러나 어느 순간 갑자기 "어? 어어?" 하고 젓는 감촉이 달라지나 싶으면 액체였던 생크림이 순식간에 고체가 된다. 조금 전까지는 넘어지기 일쑤였는데 갑자기 자전거를 탈 수 있게 되는 것과 마찬가지다.

둘 다 정비례로 이루어지지 않으므로 도중까지는 노력을 해도 아무런 대가를 얻을 수 없다. 100번 저으면 100번 저은 만큼 조금씩 굳어 가는 것이 아니라, 0번을 젓든 100번을 젓든 여전히 액체 상태다. 그러나 포기하지 않고 몇 백 번이고 젓다 보면 노력한 만큼 보상을 받는다.

미분은 '특정 순간의 속도'를 알아내기 위해 태어났다

지금까지 한 이야기에서 알 수 있듯이, 미분적 사고를 하려면 자연 현상에서 자신의 마음에 이르기까지 모든 일이 변화한다는 사실을 먼저 인식해야만 한다. 그런 뒤에 그 변화가 전반적으로 어떠한 곡선을 그리는지 그래프화하여 이미지를 떠올린다.

정비례 환상에 사로잡히면 변화의 향방을 올바르게 예측할 수 없다. 그래프의 이미지를 떠올린 다음 **매 순간의 변화율(기울기, 기세)을 파악**하면 그 현상에 대해 깊게 사고하고 적절히 대응할 수 있다.

모든 일이 과거에서 미래를 향해 변화한다고 치면 **지금 이**

순간의 변화율이야말로 우리 눈앞에 있는 '현재'의 참모습이라고 할 수 있을 것이다. **진정한 '현재'를 직시해야 '앞으로'에 대해 유효한 수단을 쓸 수 있다.**

예컨대 당신은 분명 '지금' 이 책을 읽고 있다. 그러나 '나는 지금 독서를 한다'는 사실만으로는 현재를 인식했다고 할 수 없다. 재미있어서 페이지를 쭉쭉 넘기며 읽고 있는가, 아니면 흥미가 떨어져서 읽는 기세가 약해져 있는가. 저자로서는 전자이기를 바라지만, 책을 읽어 나갈 때 일어나는 순간적인 변화율이 바로 당신의 '진정한 현재'다.

미분해서 구한 변화율을 지금까지는 '기울기', '기세' 등으로 표현했다. 그럼 물리학 용어로는 뭐라고 표현할까?

수학 이야기인 줄 알고 읽었는데 갑자기 물리학 이야기를 꺼내 당황했을지도 모른다. 고등학교 다닐 때 수학을 싫어했던 사람은 대부분 물리도 싫어했을 테니, 지금 얼굴을 찌푸린 사람도 있지 않을까 싶다. 하지만 나는 물리를 매우 좋아했다. 한층 더 몰입하여 쓰고 있으니 부디 독서의 기세를 멈추지 말기를 바란다.

원래 미적분학은 물체의 운동을 연구하기 위해 **아이작 뉴턴**이 생각해 낸 수학적 방법이다. 단, 이 말을 들으면 **고트프**

리트 라이프니츠가 화를 낼 것이다. 미적분을 앞서 고안한 사람은 뉴턴이고, 먼저 논문으로 발표한 사람은 라이프니츠이며 두 사람 사이에서 '내가 먼저 생각해 낸 것을 당신이 훔쳤다'는 논쟁(이라기보다는 서로 헐뜯기?)도 있었기 때문이다. 지금은 두 사람이 각각 독립적으로 고안했다는 것으로 결론이 났다.

아이작 뉴턴(1642~1727)
영국의 과학자, 수학자. 미분과 만유인력의 법칙은 스물세 살 무렵에 발견했다.

고트프리트 라이프니츠
(1646~1716)
독일의 철학자, 수학자. 독일 계몽사상의 선구자.

미분이 물리학과 떼려야 뗄 수 없는 관계에 있다는 점은 틀림없다.

예를 들어 물체의 운동을 살펴볼 때는 '속도'가 관측 대상 중 하나다. 운동하는 물체의 속도를 알면 속도에 시간을 곱해 이동 거리를 알 수 있다. 반대로, 이동한 거리와 이동하는 데 걸린 시간을 알면 속도를 계산할 수 있다. '속도×시간=거리', '거리÷시간=속도'. 문과라도 이 정도는 알 것이다. 자동차로 두 시간 걸려 100킬로미터 이동한다면 속도는 시속 50킬로미터다.

하지만 이 속도는 100킬로미터 이동하는 동안의 '평균 속도'일 뿐이다. 자동차는 출발 지점부터 서서히 속도를 올리다가 서서히 속도를 떨어뜨리면서 정지한다. 설령 도중에 빨간 불이 들어오지 않았다 하더라도 처음부터 끝까지 시속 50킬로미터로 달리는 일은 없다.

그럼 **달리는 도중 '특정 순간'의 속도는 어떻게 알 수 있을까?** '특정 순간'은 이동 거리도 시간도 0이므로 방금 전에 제시한 공식으로는 속도를 계산할 수 없다. '거리 (0) ÷ 시간 (0) = ?'가 된다. 0으로 나누는 것은 불가능하기 때문이다.

그래서 뉴턴(과 라이프니츠)은 **'거리를 한없이 0에 가깝게 한다'**는 방법을 생각해 냈다. 완전히 0은 아니지만 거의 0에 가까운 거리를 완전히 0은 아니지만 거의 0에 가까운 시간으로 나누면, 거의 '그 순간'이라 볼 수 있는 시점의 속도를 계산할 수 있다.

그 '특정 순간의 속도'가 바로 미분으로 구할 수 있는 접선의 기울기다. 지금까지 변화율, 기울기, 기세 등으로 불렀던 것을 물리학적으로 말하면 **'특정 순간의 속도'**라 할 수 있다.

운동방정식 $F=ma$와 관성의 법칙

어떤가? 지금의 이야기로 당신의 지금 이 순간의 독서 속도는 올랐는가, 떨어졌는가? 어느 쪽이든 지금 당신의 독서 속도는 변화했다. 이러한 속도의 변화율을 **'가속도'**라고 한다. 가령 속도가 떨어졌다 하더라도 '감속도'라고 하지 않는다. 속도가 오르면 양의 가속도, 떨어지면 음의 가속도다.

그럼 가속도는 어떻게 계산할까? 속도는 이동한 거리를 시간으로 나누어 계산했다. 거리란 '단위 시간 동안 위치가 얼마만큼 변했는가'이므로 이동에 걸린 시간으로 나누면 평균값이 나온다.

그에 반해 가속도는 속도가 '단위 시간 동안 얼마만큼 변했는가'를 나타낸다. 그래서 속도를 시간으로 나눈다. 각각의 식을 살펴보자(그림 8).

그림 8 가속도 구하는 법

속도 = 거리 ÷ 시간㉠

가속도 = 속도 ÷ 시간㉡

여기서 ㉡의 '속도'에 ㉠을 대입하여

가속도 = (거리 ÷ 시간) ÷ 시간

쉽게 알 수 있도록 괄호를 넣었지만 지워도 상관없다. 가속도는 **'거리÷시간÷시간'**으로, 이동한 거리를 시간으로 두 번 나누면 가속도가 된다. 그래서 속도가 '미터 매 초(m/s)'인데 반해 가속도의 단위는 **'미터 매 초 제곱(m/s^2)'**이다. **'1초당 ○미터 매 초씩 가속한다'**라는 의미다.

점점 글자를 따라가는 페이스가 마이너스로 가속했을지도 모르지만 세세한 계산 이야기는 이제 잊어도 좋다. 여기서 내가 말하고자 하는 점은 **모든 일의 변화를 미분적으로 사고하고 싶다면 '가속도'에 주목하기를 바란다는 것이다.**

많은 이들이 잊었으리라 생각하지만 고등학교 물리 시간에는 모든 이의 인생에 쓸모가 있는 중요한 공식을 배운다. 이 공식도 뉴턴이 발견했다.

$$F = ma$$

매우 간단한 이 공식은 물리학에서 기본 중의 기본인 **'운동 방정식'**이다(그림 9). F는 힘, m은 물체의 질량, 그리고 a는 가속도를 뜻한다. 동일한 물체를 움직였을 때(질량 m은 그대로다) **가속도가 클수록 힘이 커지고, 반대로 힘을 가할수록 가속도가 커진다.**

그림 9 운동방정식

$$F = ma$$

힘 = 질량 × 가속도

따라서 물체에 가하는 힘이 0이라면 그 물체는 가속하지 않는다. 단, 착각하면 안 되는 것은 가속도가 0이라도 속도는 0이라 단정할 수 없다는 사실이다. **'힘을 받지 않는 물체는 정지 또는 등속도 운동을 한다'**는 것이 뉴턴의 **'관성의 법칙'**이다. 가해지는 힘이 0이라도 물체는 같은 속도로 계속 운동할 수 있다. 바닥에 굴러가는 공이 결국 멈추는 이유는 바닥과 공기 사이의 마찰력으로 음의 가속도가 생겨서 브레이크가 걸리기 때문이다. **마찰력이 0이라면 공은 영원히 멈추지 않는다.**

하지만 **당연하게도 멈춰 있는 공을 움직이려면 힘이 필요하다.** 즉, '에너지'가 필요하다.

멈춰 있는 물체를 움직인다, 다시 말해 가속시키는 데 에너지가 필요하다는 사실은 직관적으로도 알 수 있다. 무거운 바위를 움직이려면 강한 힘으로 밀어야 하고 에너지가 없으면 힘은 나오지 않는다. 자동차의 속도를 올릴 때도 액셀을 밟아 큰 에너지를 사용한다.

그러나 **일단 가속을 하면 계속 액셀을 밟을 필요는 없다.** 일반 도로에서 고속 도로로 들어갈 때는 액셀을 마음껏 밟아 가속하지만, 제한 속도에 도달하면 더 가속하지 않고 속도를 유지하면 된다. 그러면 관성의 법칙으로 등속도 운동이 이어져서 에너지를 쓰지 않고 달릴 수 있다.

관성으로 움직일 수 없는 신입 사원은 액셀을 힘차게 밟자

"그런 물리 법칙이 내 인생에 대체 무슨 쓸모가 있다는 거지?" 하며 고개를 갸우뚱하는 사람도 있을 것이다. 힘과 에너지의 관계나 관성의 법칙을 모르더라도 액셀을 밟으면 자동차가 가속한다는 사실은 누구나 알고 있고, 같은 속도를 유지하면서 달릴 때 액셀을 세게 밟는 사람은 없다.

하지만 관성의 법칙은 물체의 운동 이외에도 응용할 수 있다. 공부든 스포츠든 일이든 사람은 자신이 하는 일에 끊임없이 큰 에너지를 쏟을 수는 없다. 있는 힘을 다해야 할 때가 있는가 하면 힘을 빼고 편하게 흐름에 맡겨도 순조롭게 나아갈 때도 있다.

인생을 순탄하게 보내려면 에너지나 힘의 적절한 배분이 필요하다.

자동차를 가속시킬 때처럼 어떤 일을 시작할 때는 큰 에너지를 쏟아야 한다. 예를 들어 학교 공부를 할 때는 봄 방학 기간에 상급 학년에서 배울 내용을 열심히 공부해 놓으면 새 학기부터 편한 나날을 보낼 수 있다. **처음에 에너지를 쏟아 힘껏 가속해 두면 이후에는 관성의 법칙이 작동하므로 에너지를 절약할 수 있다.**

학교를 졸업하자마자 취직한 사람도 관성의 법칙을 알아두는 편이 좋다. 어제까지는 학생이었다가 사회인으로서 처음 일을 하게 된 만큼 한동안은 많은 에너지를 투입하여 가속해야만 한다. 첫발을 내딛는 단계에서 주위의 선배들과 자신을 비교해 봐야 별 의미가 없다. 몇 년째 회사에서 일하는 사람들은 한참 전에 이미 관성의 법칙에 몸을 맡긴 상태다. 신입 사원과 마찬가지로 전력을 다해 액셀을 밟고 있다면 오히려 문제가 있다.

'나만 이렇게 고생하는 건 못 참겠다'라는 마음이 입사하고 얼마 지나지 않아 회사를 그만두게 만드는 원인일지 모른다. 하지만 '$F = ma$'라는 관성의 법칙을 알면 **'액셀을 끊임없이**

최고 속도로 밟을 필요는 없다'는 사실을 알 수 있다. 언젠가 선배들처럼 업무 처리를 척척 해내는 날이 오게 되리라고 믿는다면 속도를 올리는 데 힘을 쏟을 수 있다.

물론 함께 입사한 동기 사이에도 관성의 법칙이 작용할 때까지 시간차가 있을 것이다. 동료가 먼저 액셀에서 발을 뗀 것 같아 보이면 초조함을 느낄지도 모른다. 하지만 지금까지 보았듯이 성장이나 발전 곡선은 사람마다 제각각이다. 프로야구의 신인 선수 중에도 처음부터 1군에서 주전으로 활약하는 선수도 있고, 1~2년은 2군에서 보내는 선수도 있다.

2군에서 1군으로 올라가기 위해 에너지를 쓰기보다 처음부터 바로 관성의 법칙에 의지할 수 있는 1군 주전으로 투입되는 편이 낫다고 생각할 것이다. 하지만 **현실 세계에서는 언제까지나 관성의 법칙에만 기댈 수는 없다.**

등속도 운동이 영원히 이어지려면 공기 저항 같은 마찰력이 없어야 한다. 물리 문제에서는 '마찰력이 없다는 가정하에 계산하시오'라는 조건이 설정된다. 하지만 우주 공간이라면 몰라도 지구상에서는 굴러가는 공도 언젠가 멈춘다.

우리가 하는 일에도 실제로는 다양한 '마찰'이 생겨서 제동이 걸리기도 한다. '1군 주전 선수'도 분명 어느 타이밍에서 기세가 둔해져 다시금 액셀을 밟아야 할 때가 있다. 2군에서 힘든 연습을 계속한 선수는 그 시기에 관성의 법칙에 몸을 맡기고 편하게 전진하고 있을지도 모른다.

따라서 종합적으로 생각하면 쏟아 넣는 에너지의 총량은 같아지지 않을까?

예능인 다모리의 관성과 가속도

앞에서 이츠키 히로시의 이야기를 했는데, 연예인의 인기와 관련해서도 'F = ma' 공식과 관성의 법칙에 딱 들어맞는 사례가 꽤 있다. 인기를 얻을 때까지는 수많은 노력이 요구되지만, 일단 인기를 얻으면 별달리 힘을 들이지 않고도 편하게 돈을 벌 수 있다.

특히 거물급 코미디언들을 보면서 그런 점을 많이 느낀다. 스타급 자리에 오르면 본업인 만담이나 콩트 같은 개그를 하지 않고 예능 프로그램의 진행만 하면서도 인기를 유지한다. 물론 방송 진행이 쉬운 일이라고 말하려는 것이 아니다. 방송 진행자 역시 프로로서 실력을 갈고닦을 필요가 있다.

하지만 만담이나 콩트로 인기를 얻기 위해 개그를 짜고, 연습을 거듭해 무대에서 선보이고, 전혀 반응을 얻지 못해 실망하고 또 다른 개그를 짜내고…. 이런 나날에 비하면 기반을 단단히 다진 이후에는 에너지 효율이 좋다.

그런 에너지 절약형 진행자의 대표 격은 코미디언이자 국민 MC인 다모리다. 다모리가 진행하는 음악 방송 〈뮤직 스테이션〉을 보고 있자면, 출연자에게 "머리 잘랐어요?" 같은 질문을 던지는 정도이고 굳이 웃기려는 말은 하지 않는다. 다모리와 똑같이 생긴 로봇을 가져다 놓아도 방송에는 지장이 없지 않을까 싶을 정도다(사실은 무엇으로도 대체할 수 없는 다모리의 존재감이 비결이겠지만).

코미디언으로 처음 등장했을 당시 그의 에너지는 놀라울 정도였다. '4개국 친선 마작 대회', '엉터리 외국어', '이구아나 흉내' 등 날카로운 그의 개그는 그야말로 액셀을 힘껏 밟은 급가속이었다. 당시의 강렬하고 중독성 넘치는 재미가 있었기에 지금은 힘을 뺐어도 인기를 유지할 수 있는 것이다.

1982년에 시작해서 35년 넘게 방송 중인 예능 프로그램 〈다모리 클럽〉도 지금은 그다지 에너지를 쓰지 않고 설렁설렁 이어지는 듯한 인상이다. 하지만 외국어로 노래하는데도 마치 가사가 일본어처럼 들리는 노래를 소개하는 코너인 '헛

듣기 시간' 코너 같은 느슨한 방송 스타일을 시청자에게 널리 알리기 위해 처음 몇 년간은 상당한 에너지가 필요했을 것이다. 프로그램 특유의 설렁설렁함이 시청자들 사이에 파고드는 데도 첫 시작 단계 가속이 필요했을 터다.

같은 해에 예능 프로그램 〈웃어도 좋고말고!〉도 시작된 것을 보면 당시의 그는 분명 힘이 넘쳤다.

그러나 진행을 맡은 방송들이 관성의 법칙에 따라 나아간다고 해서 다모리가 완전히 에너지 절약형 예능인이 된 것은 아니다. 〈웃어도 좋고말고!〉가 종영하자 이번에는 기행 프로그램 〈어슬렁어슬렁 다모리〉를 시작했다. 이 방송도 〈다모리 클럽〉과 마찬가지로 언뜻 느슨한 분위기지만, 대중성과 거리가 먼 내용의 방송을 '거실에 온 가족이 모여 앉아 보는' 방송으로 만든 것은 아무나 할 수 있는 일이 아니다. 다모리는 다시 힘껏 액셀을 밟은 것이다.

그럴 수 있는 까닭은 지금까지 진행한 방송을 관성의 법칙에 맡기고 에너지를 축적할 수 있었기 때문이다. 늘 액셀을 밟고 있는 상태로는 좀처럼 새로운 일에 도전할 수 없다.

개중에는 새로운 영역을 개척하려 하지 않고 방송 진행에만 안주하는 '거물급 연예인'도 있지만 그는 **'가속'과 '관성'의**

강약을 조절하며 오랫동안 발전을 멈추지 않고 있다.

하이데거라는 짐을 내려놓고 가속도를 올린 나

지금까지는 가속도를 올리려면 보다 큰 힘(에너지)이 필요하다는 이야기를 했다. 그러나 '$F = ma$' 공식에서 얻을 수 있는 지혜는 또 있다. 좌변의 'F(힘)'가 크면 우변의 'a(가속도)'도 오르지만 이 공식에는 또 하나 'm(질량)'이라는 요소가 있다.

그럼 동일한 힘으로 가속도를 올리려면 어떻게 하면 될까? 문과생이라도 이 정도 수식은 이해할 것이다.

'힘 = 질량×가속도'이므로 좌변의 크기를 그대로 두고 가속도를 높이려면 질량을 줄여야 한다. 공식을 보지 않더라도 감각적으로 알 수 있다. 볼링공과 테니스공을 같은 힘으로 던지면 가벼운 테니스공이 한층 더 가속한다는 사실은 분명하다.

그러므로 **가속도를 붙여 관성의 법칙에 빨리 몸을 싣고 싶다면, '무거운 짐'을 조금 내려놓아 'm'을 작게 만드는 것도 한 방법이다.**

예를 들어 공부를 할 때 자신에게 짐이 무거운 과목부터 시작하면 좀처럼 가속이 붙지 않는다. 같은 에너지를 쓴다면 짐이 가벼운 과목부터 시작하여 힘껏 가속을 붙이고 나서 그 탄력으로 짐이 무거운 과목에 손을 대는 것이 공부를 편하게 하는 방법이다.

나는 이런 경험을 한 적이 있다.

대학원생 시절에 하이데거의 《존재와 시간》Sein und Zeit을 원서로 읽는 독서 모임에 참가했다. 그렇지 않아도 난해한 철학서를 독일어로 읽고 이해하려 했으니 무척 짐이 무거운 공부라는 사실은 말할 필요도 없다. 게다가 프랑스 철학자 메를로 퐁티의 책을 원서로 읽는 모임에도 가입했다. 퐁티의 저서는 프랑스어로 쓰여 있다. 엄청난 에너지를 들여야 했지만 이만큼 부담을 지워 자신을 단련해야 훌륭한 논문을 쓸 수 있다고 생각했다. 당시의 나는 역사에 이름을 남길 위대한 사상가가 되고자 하는 야심에 불타고 있었다.

처음에는 '꼭 해내겠다'는 각오로 노력을 쏟았지만 상당히 어려운 책이라 진도가 잘 나가지 않았다. 거대한 바위에 달라붙어서 기를 쓰며 미는데 바위는 꿈쩍도 하지 않고, 그저 시간과 에너지만 갉아먹는 느낌이 들었다.

그러다 어느 순간 정신이 들었다.

'내가 이런 일에 힘을 쏟고 있을 처지인가?'

인생은 유한하다. 하이데거와 퐁티의 저술은 읽을 가치가 매우 크지만 책 읽기에만 에너지를 쏟다가는 **가속하기 전에 내 인생이 끝날지도 모른다.**

자신을 단련하는 일도 필요하지만 논문을 쓰는 것이 중요하지, 논문을 쓸 준비만 하고 있어 봐야 소용이 없다. 도움닫기에 에너지를 다 써 버리면 점프할 때 가속은커녕 속도를 잃고 만다.

마침 그때 나는 에커만이 쓴 《괴테와의 대화》Gespräche mit Goethe in den letzten Jahren seines Lebens라는 책을 읽고 있었다. 그 책에서 괴테가 한 말은 다음과 같다.

> *지금은 일단 대작은 보류하게. 자네는 오랫동안 충분히 노력을 거듭해 오지 않았는가. 지금은 인생에서 밝게 뻗어 나가는 시기에 접어들었어. 이걸 맛보려면 작은 제재를 다루는 게 제일일세.*

그렇다! 괴테가 그렇게 말했다면 분명 틀림없다. 괴테의 말에 힘을 얻어 나는 하이데거와 퐁티라는 '대작'을 나의 짐칸에서 내려놓았다. 그러고 나니 당장이라도 손이 닿는 '작은 제재'는 얼마든지 있었다.

그 후로 1년간 나는 연달아 네다섯 권의 짧은 논문을 완성했다. 'm'을 줄여서 그야말로 밝게 쭉쭉 뻗어 나가며 가속도를 올릴 수 있었다.

아무래도 등에 진 짐이 가볍다 보니 일찍이 목표로 삼았던 위대한 사상가가 되는 길에서는 멀어졌다. 하지만 완성한 논문이 좋은 평가를 받아 대학에서 자리를 얻을 수 있었다.

'가속도가 0'인 교사는 좋은 수업을 하지 못한다

어떤가? '$F = ma$'라는 식이 우리 인생에 다양한 지혜를 알려 준다는 사실을 이해했는가?

인생 곡선을 상승시키려면 먼저 미분적 사고로 **현시점의 순간적인 기세=속도**를 알아야 한다. 속도를 더욱 올리고 싶다면 **어떻게 해야 '가속도(a)'를 크게 만들지** 궁리해야 한다. 그러기 위해서는 **지금보다 많은 에너지를 투입하여 더욱 '힘(F)'을 쏟든지, 등에 진 짐을 내려놓아 '질량(m)'을 줄여야 한다.**

지금 이 순간의 기세(속도)가 만족스럽다면 현재 속도에는 관성의 법칙이 작용하므로 에너지를 늘리거나 짐을 줄이지 않아도 한결같은 속도로 나아갈 수 있다.

그럴 때는 또 다른 일을 가속시키는 데 에너지를 사용하면 된다. 아까 말했듯이 다모리는 그런 식으로 '익숙한 일'과 '새로운 도전' 사이에 균형을 유지해 왔다.

이와 같은 일은 누구나 할 수 있다. 신입 사원은 회사 업무에 에너지를 쏟아 부어 가속해야 하지만, 업무에 익숙해져 액셀을 밟지 않고 달릴 수 있게 되면 학창 시절부터 취미로 하던 밴드 활동에 에너지를 쓸 수도 있나. '지금은 결혼에 가속도를 올리고 싶다'고 생각한다면 직장에서의 승진 경쟁은 잠시 내려놓고 데이트에 에너지를 더 많이 쓰겠다는 사고 전환도 가능하다.

지금 자신이 어떤 가속도를 올리고 싶은지 목표를 명확하게 설정하면 효율적으로 에너지를 배분할 수 있다.

사람들 중에는 모든 일을 관성의 법칙에 맡긴 채 하루하루 살아가는 이도 있을지 모른다. 시험 삼아 지금의 자신을 돌아보고 무엇을 가속시키고 싶은지 생각해 보길 바란다.

어디에도 큰 에너지를 쏟지 않고 무료하게 시간을 보내고 있지는 않은가? 만약 그렇다면 '관성의 법칙'이 아니라 '타성의 법칙'에 빠진 것인지도 모른다.

그 나름대로는 평온하고 힘들지 않은 생활이라고 생각한

다. 단, **가속도가 없는 사람에게는 '향상심'이 없다.** 그 점은 본인보다 주위에서 지켜보는 사람들이 잘 안다. 본인은 순조롭고 기분 좋게 길을 달리고 있겠지만, 가속도가 없기에 다른 이의 시선에서 보면 의욕이 느껴지지 않는다. 이래서는 신용을 잃는다.

예컨대 '가속도가 0인 교사'가 학교에 있다면 어떨까? 그런 교사는 의외로 많다. 가르치는 내용이 매년 똑같다 보니 딱히 액셀을 밟지 않아도 관성의 법칙으로 수업을 할 수 있다. 늘 하던 대로만 가르칠 뿐이라면 향상심은 필요 없다.

하지만 수업을 받는 학생 입장에서는 교실에서 처음 만나는 지식을 통해 인생을 가속하려 한다. 향상심이 없는 가속도 0인 교사가 학생의 가속도를 올릴 수 있을까? 답은 당연히 No다. 가르치는 교사에게 가속도가 없으면 배우는 학생도 가속도를 높일 수 없다. 수업 시간이 끝날 때까지 "지루해 죽겠네."라고 투덜대면서 타성에 빠져 지낼 뿐이다.

교육에는 항상 가속도가 필요하다. 관성의 법칙으로 진행해도 되는 수업은 이 세상에 없다. 그리고 가르치는 교사가 '지식을 전달하는 기쁨'을 마음에 품어야 수업에 가속도가 붙는다.

예를 들어 수학에서 '피타고라스의 정리'는 교사에게는 하품이 날 만큼 뻔한 지식이다. 하지만 고대 그리스의 피타고라스 학파가 이 정리를 발견했을 때는 어땠을까? 산까지의 거리와 산 정상의 각도만 측정하면 일일이 산에 오르지 않고도 피타고라스의 정리로 산의 높이를 알 수 있게 됐으니, 그야말로 흥분의 도가니가 될 만큼 엄청난 발견이었을 터다. 피타고라스 학파 사람들은 피타고라스의 정리를 발견하기 위해 큰 에너지를 써서 가속도를 끌어올렸을 것이다.

피타고라스의 정리가 얼마나 대단한 발견인지 학생들에게 전달하려면 가르치는 교사 자신이 수업에 대한 기대감을 가속시켜야 한다. 피타고라스의 정리를 가르치기 위해 교단에 섰을 때, '올해도 똑같은 걸 가르치는군' 하면서 지겨워하는 태도와 '피타고라스의 정리는 굉장해! 정말 굉장해!'라며 희열에 넘치는 태도가 교실 전체에 내뿜는 에너지의 가속도는 하늘과 땅 차이다.

교육에는 새로운 지식을 추구하는 열망의 화살이 꼭 필요하다. 배움에 대한 열망을 학생들에게 심어 주려면 먼저 교사 자신이 열망의 화살이 되어 가속도를 올려야만 한다. 그렇지 않으면 감동은 전해지지 않고 열망도 생겨나지 않는다.

그래서 나는 교사를 지망하는 대학생에게도 수업을 할 때는 문을 열고 교실에 들어가기 전에 가속도를 붙이라고 가르친다.

세계사 수업이라면 '미국의 뉴딜 정책은 정말 대단해! 지금 나만큼 뉴딜 정책에 꽂힌 사람은 없어!'라고 생각할 정도로 준비하길 바란다.

영어를 가르친다면 '나는 지금 3인칭 단수 현재형 s에 눈물이 날 만큼 감동하고 있다!'라고 생각할 정도는 되어야 좋은 수업을 할 수 있다. 3인칭 단수 현재형에 감동하기란 꽤 어려운 일이지만, 그런 것에도 감격을 느끼며 가르쳐야 프로 교사다.

교사가 교실에 나타난 순간, 학생은 교사의 가속도를 느낀다.

미분적 사고가 '교양인'의 최소 조건

물론 가속도가 필요한 사람은 학교 선생님만이 아니다. 비즈니스 상담에서든, 데이트에서든, 상대방의 마음을 움직이고 싶다면 만나기 전에 가속도를 붙이는 것이 중요하다.

하루를 시작하며 가족이나 회사 동료에게 건네는 "좋은 아침!"이라는 인사 한 마디조차 가속도의 크기에 따라 의미가 완전히 달라진다.

그저 '어제의 연속'으로 타성에 젖어 오늘을 살 것인가, 향상심을 품고 어제보다 오늘을 가속시킬 것인가? 세상사의 변화를 파악하는 미분 감각이 있다면 그런 일상적인 인사에도 의미를 부여하면서 자신의 생활에 긍정적인 변화를 일으킬 수 있다.

그런 면에서 보면 고등학교에서 배운 수학과 물리 지식이 이과생에게만 쓸모 있다고는 말할 수 없다. 이과·문과에 상관없이 누구나 그 개념을 자신의 생활에 응용할 수 있다. **제1장에서 소개한 미분과 운동방정식 'F=*ma*'가 고등학교 수업에서 배우는 온갖 지식 중에서도 가장 중요한 지식이라고 생각한다.** 실제로 하이데거나 퐁티와 씨름했던 문과생인 나도 미분과 가속도의 감각을 익혀 둔 덕분에 학자로서의 인생을 펼칠 수 있었다.

뉴턴이 발견한 미분과 운동방정식은 인류에게 어마어마한 가치가 있는 지적 재산이다. 뉴턴은 이를 통해 만유인력의 법칙에 도달했고 우주와 지구도 동일한 물리 법칙을 따른다는 사실을 밝혀냈다. 뉴턴의 획기적인 발견 덕에 우주의 수수께끼에 다가가고자 하는 과학자들의 연구가 한 발짝 더 크게 나아갔다.

이렇게 말하면 '역시나 이과 얘기잖아'라고 받아들이는 사람도 있을 것이다. 하지만 뉴턴의 발견은 단순히 이과 공부에 도움이 된다는 수준의 보잘것없는 이론이 아니다. 뉴턴의 발견이야말로 발전을 가속시켜 인류사를 크게 바꾼 위대한 업적이다. '알고 있으면 시험에서 좋은 점수를 받을 수 있다'라는 소소한 지식이 결코 아니다. 고등학교 교육을 받은 사람이라면 '교양'으로서 익혀 두어야 하는 보물 같은 지식이다.

그러나 현재 일본의 고등학교 교육에서는 물리가 필수 과목에서 제외되었다. 그 때문에 고등학교에서 물리를 이수하지 않은 사람이 80퍼센트가 넘는 사태가 벌어졌다. 눈앞의 대학 입시에 필요한 과목만 공부하면 된다고 여긴다.

한편, 고등학교나 대학교에 '세계를 무대로 활약할 인재를 키워라'라고 요구하는 사람도 많지만 이래서는 국제 사회에서 활약하는 교양인을 키울 수 없다. 설령 문과라 해도 미분이나 운동방정식을 전혀 몰라서는 어엿한 교양인으로 대우받지 못할 것이다.

그래서 나는 이 책을 미분 이야기로 시작했다. 고등학교를 졸업했다면 적어도 미분과 운동방정식을 근거로 사고할 수 있기를 바란다.

지금까지 이야기한 대로, 미분적 사고를 하면 세상일의 변화를 꿰뚫어 볼 수 있고 에너지 배분을 바꾸어 인생의 가속도를 조절할 수도 있다. 그렇게 뉴턴의 발견을 자신의 생활에 적용할 수 있는 사람은 그것만으로 교양인이라 불릴 자격이 충분하다.

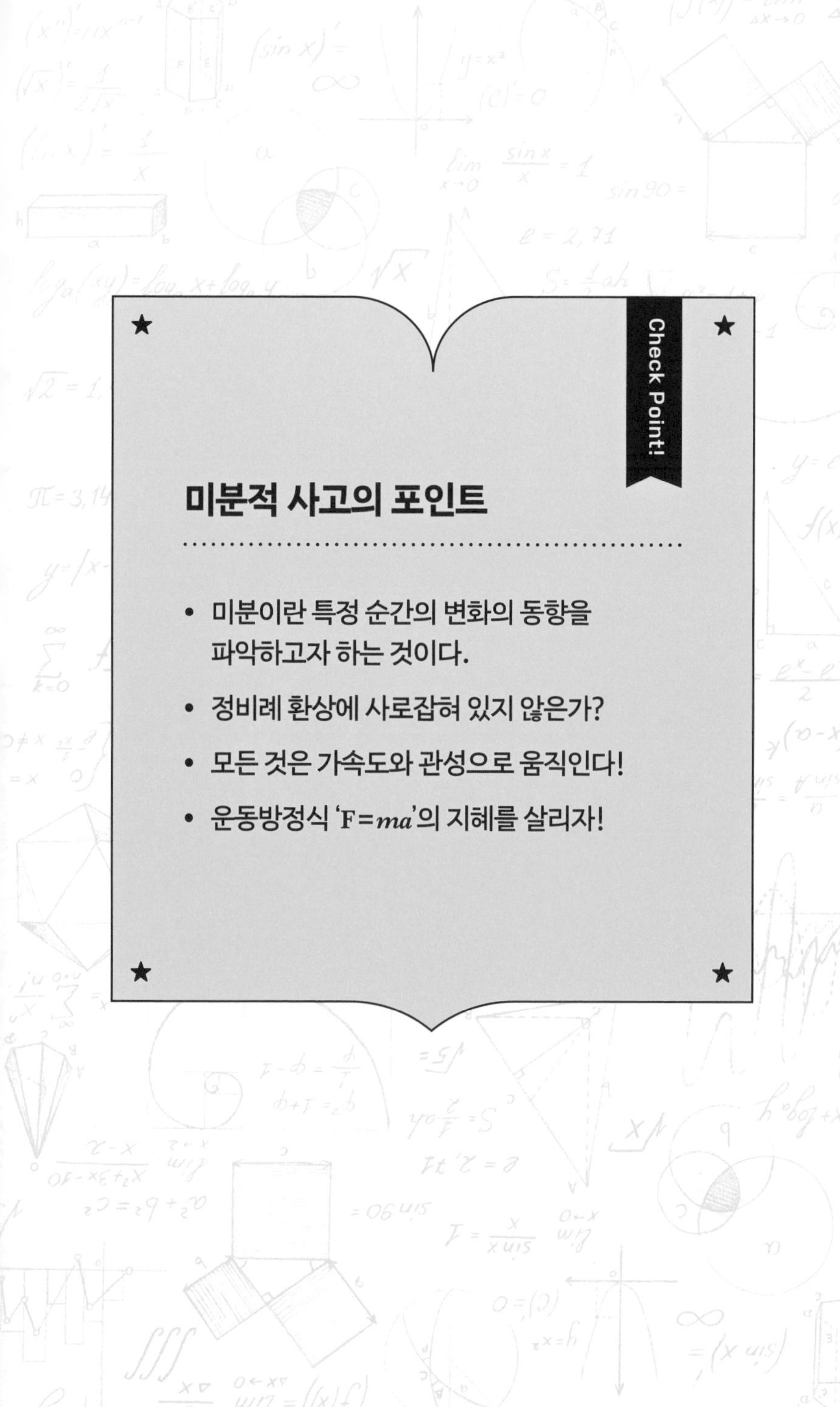

Check Point!

미분적 사고의 포인트

- 미분이란 특정 순간의 변화의 동향을 파악하고자 하는 것이다.
- 정비례 환상에 사로잡혀 있지 않은가?
- 모든 것은 가속도와 관성으로 움직인다!
- 운동방정식 'F=*ma*'의 지혜를 살리자!

제2장

함수

'f'에서 태어나는 무한한 아이디어

가수 이노우에 요스이의 '재즈화'를 수학적으로 생각한다

앞 장에서는 미분적 사고를 하기 위해 세상의 '변화'에 주목하자는 이야기를 했다. 그런 시각을 터득하기만 해도 '쓸데없다'고 여기며 무조건 멀리하던 수학을 일상적으로 활용할 수 있다는 사실을 충분히 이해했으리라 생각한다. '쓸모 있는 수학을 더 배우고 싶다'는 마음이 든 사람도 분명 많을 것이다.

미분에 이어 또 다른 수학적인 착안점을 알려 주겠다. 이번에는 매사의 변화가 아니라 **'변환'**에 주목하자. 변환이란 **어떤 것을 다른 무언가로 바꾸는 것**으로 변화의 일종이라 할 수 있다.

누구에게나 친숙한 변환의 예로는, 컴퓨터나 스마트폰에서 매일같이 하는 '한자 변환'이 있다. 히라가나로 입력하고 변환키를 누르면 한자로 변환해 준다.

그렇다면 수학에서 변환을 해 주는 도구는 무엇일까? 바로 **'함수'**다. 일차함수니 이차함수니 하는 단어가 떠오르긴 하지만 '근데 함수가 뭐였더라?' 하는 사람이 태반일 것이다.

함수식이란 뭔가를 입력하면 다른 뭔가로 변환하여 출력해 주는 것이라고 생각하면 된다.

함수의 한자는 '函数'로, 컴퓨터에 히라가나를 입력한 다음 한자로 변환하면 알 수 있듯이 '함函'은 '상자'를 뜻한다. 함수는 블랙박스처럼 상자에 뭔가를 넣으면 다른 형태로 변환되어 나오는 것이다.

변환시키는 **'기능=function'**이 있기 때문에 'function'의 앞 글자를 따서 함수를 'f'라고 쓴다. **'$y=f(x)$'라는 함수는 x에 뭔가를 넣으면 y로 변환된다는 의미다.**

함수식 '$f(x)=2x+1$'을 예로 들어 보자. x에 1을 넣으면 $y=3$이다. 2를 넣으면 $y=5$, 3을 넣으면 $y=7$…. 이런 식으로 변환된다. 이것을 일반화한 형태의 그래프(가로축이 x, 세로축이 y)로 나타내면 위와 같다(그림 10).

함수 f로 세상을 보면 무엇을 알 수 있는지 생각해 보자.

그림 10 함수

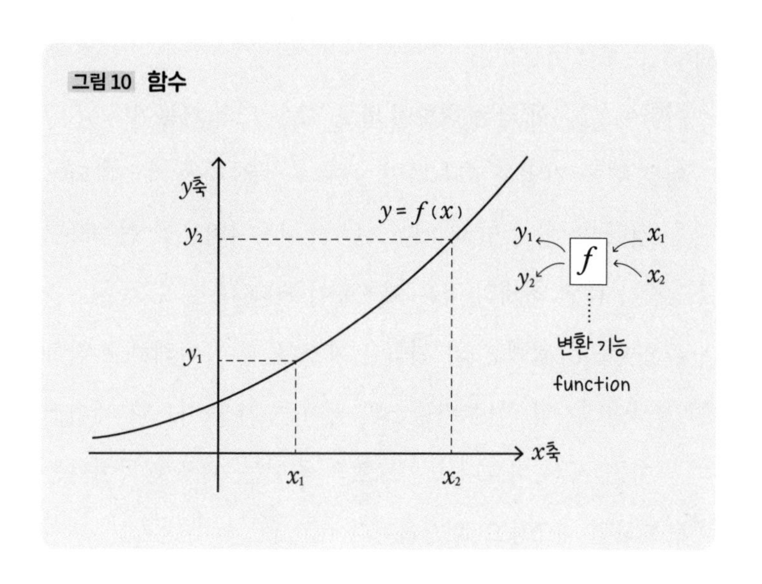

수식이나 그래프만 보아서는 감이 오지 않을 테니까, 먼저 주변에서 익숙하게 접하는 음악으로 예를 들어 보겠다.

내가 좋아하는 가수인 이노우에 요스이의 앨범 중 〈블루 셀렉션〉Blue Selection이라는 앨범이 있다. 〈장식이 아니야, 눈물은〉, 〈춤은 잘 못 춰요〉, 〈마지막 뉴스〉와 같은 자신의 곡을 재즈풍으로 편곡해서 녹음한 셀프 커버 앨범이다. 모든 수록곡이 원곡과는 다른 재즈 분위기를 풍겨서 듣고 있으면 신선한 느낌이 든다.

여기서는 이노우에의 곡이 재즈풍으로 변환되었다. 새로운 편곡으로 그만의 재즈화가 이루어졌다고 말해도 좋다(그가 노래하면 아마 어떤 곡이든 '이노우에 요스이화'되리라 생각하지만 그

이야기는 뒤로 미루겠다).

이러한 **'○○화'라는 변환이 바로 '함수 f'의 기능**이다.

재즈 편곡 기법을 f라 하면, f에 무엇을 넣든 재즈화되어 나올 것이다. 쉽게 말해 베이스나 드럼을 4비트로 연주하고 스윙감을 내면 대개의 곡은 재즈풍이 된다.

물론 〈블루 셀렉션〉의 편곡은 재즈를 깊이 이해하고 받아들인 것이겠지만 아마 비틀스의 곡이든, 가수 마츠다 세이코의 곡이든, 혹은 바흐나 모차르트의 곡이든, 재즈 편곡이라는 f를 통하면 재즈풍으로 변환된다.

그런 특별한 변환 기능을 가진 f가 세상에는 많이 있다.

변환성이 일정하지 않은 화가에게는 개성이 느껴지지 않는다

음악뿐만이 아니다. 그림의 세계를 예로 들면, 모네나 고흐 같은 화가는 그 자신이 강력한 f의 소유자다. 〈블루 셀렉션〉은 이노우에의 곡을 변환했고, 모네와 고흐는 자신이 본 풍경이나 사물을 변환했다. 예를 들어 프랑스의 루앙 대성당은 견고하고 날렵한 분위기의 건축물이지만 모네가 루앙 대성당을 모티프로 그린 연작은 전혀 사실적이지 않다. 어느 그림이나 건물이 흐물흐물하다고 할까, 몽실몽실하다고 할까? 그런 부드러운 분위기를 풍긴다.

루앙 대성당 연작만이 아니다. 모네의 작품은 어떤 그림을 보든 '모네풍'이라 표현할 수밖에 없는 붓놀림으로 그려져 있다. 그것이 모네라는 화가의 작풍이다. 작풍이란 자신이 본 대상을 자신만의 형태로 변환하는 f를 말한다.

그리고 우리가 모네의 전시회를 보러 가는 까닭은 모네의 f를 음미하고 싶기 때문이다. 만약 모네 전시회에 다른 화가의 그림이 섞여 있다면, 설령 아무리 훌륭한 그림이라 할지라도 '이건 모네가 아니야'라는 위화감을 품을 것이다.

예를 들어 콩쿠르 입상작을 모은 전시회처럼 여러 화가의 f를 비교하며 즐거움을 느낄 수 있는 자리도 있다. 그런 전시회에서 함께 간 사람에게 "누구의 그림이 좋아?"라고 물을 때, 우리는 "누가 더 잘 그린다고 생각해?" 하고 그림 그리는 기술을 비교하려 질문한 것이 아니다. "누구의 f가 마음에 들어?"라는 의미를 담은 질문이다.

음악이든 그림이든, 우리는 아티스트의 작품 자체만이 아니라 **그 사람의 f를 즐길 수 있다. 누군가의 팬이 된다는 것은 그의 f에 흠뻑 빠졌다는 뜻이다.**

지난번에 한 일본인 화가의 개인전에서 이런 느낌을 받았다.

일본 내에서는 웬만큼 이름이 알려졌지만 국제적으로 높은 평가를 받는 화가는 아니었다. 그림을 보면 어느 작품이든 분명 잘 그린 그림이다. 하지만 나로서는 화가의 f가 무엇인지 알 수 없었다.

음악 앨범으로 비유하자면 재즈풍 곡도 있고, 바로크풍으로 편곡한 곡도 있다는 느낌이랄까? 같은 화가의 그림인데 변환성이 제각각이었다.

다양한 시기에 그려진 작품이라 작풍에 변화가 있는 것은 당연하다. 피카소만 봐도 이른바 '청색 시대'에 그린 작품과 입체파 작품은 같은 f로는 보이지 않는다.

그러나 일본인 화가의 그림은 그려진 시기를 막론하고 누군가의 f를 흉내 내고 있는 것처럼 보였다. f가 제각각일 뿐만 아니라 어디에서도 본인의 f를 느낄 수 없었다.

그림 하나하나가 기술적으로는 훌륭하더라도 화가만의 f가 없다면 즐겁게 감상할 수 없다. 어쩌다 한두 장 정도 '마음에 드는 그림'을 발견했다 쳐도 화가의 f가 무엇인지 모른다면 '이 화가가 좋다'라고는 말할 수 없다.

좋아하는 화가의 그림이라면 설사 처음 보는 그림이더라도 그 화가의 그림이라는 사실을 쉽게 알아챌 수 있다. 바로 화가의 f를 알아볼 수 있기 때문이다. 딱히 마음에 들지는 않더라도 모네와 피카소의 그림을 보면, 모르는 작품이라 해도 모네와 피카소의 그림이라는 사실을 대부분 구별할 수 있다.

흥미롭게도 f를 간파하는 능력은 인간만이 갖춘 능력이 아니라고 한다. 하버드대에서 제정한 재미있고 엉뚱한 과학 연구에 수여하는 상인 이그노벨상을 수상한 심리학자 와타나베 시게루의 연구로 비둘기가 모네와 피카소의 그림을 구별할 수 있다는 사실을 알았다. 더 나아가 와타나베 교수의 연구로 문조가 바흐와 스트라빈스키의 음악을 듣고 구별할 수 있다는 사실도 알아냈다고 한다.

이런 말을 들으면 '새의 능력은 대단한데'라고 생각하는 사람도 있을 것이다. 그런 면도 있지만, 뒤집어 말하면 비둘기나 문조도 구별할 수 있을 만큼 명확한 특징이 없다면 진정한 f가 아니라는 뜻이기도 하다. 새도 구별할 수 있는 f를 만들어 내는 것이 세계적인 아티스트의 조건이다.

철학의 '관계주의'란 무엇일까?

함수 '$y = f(x)$'가 얼마나 흥미로운지 이해했는가? 극단적으로 말하면, 사실 'x'에 무엇이 들어 있든 아티스트의 개성을 즐기는 데는 영향을 주지 않는다. 아웃풋인 'y'가 각각의 작품을 뜻하지만 이것도 그리 중요하지는 않다. 아티스트의 개성은 x에서 y로 변환하는 **변환 방식**에 있으므로 우리는 변환 방식을 보고 "과연 모네다운 그림이군요."라든가 "고흐의 그림은 정말 좋아요."라고 느낀다.

이처럼 **실체로서의 x나 y가 아니라 양자의 관계성에 주목하는 시각이나 사고를 '관계주의'라고 한다.**

다양한 존재를 독립·자립한 것으로 이해하는 '실체론'과 대조를 이루는 발상은 많았다. 그리고 지금까지 철학자를 비롯한 많은 인문학자가 연구에 도입했다.

언어학자·언어 철학자로 유명한 소쉬르도 그중 한 명이다.

페르디낭 드 소쉬르
(1857~1913)
스위스의 언어학자. 근대 언어학의 아버지.

소쉬르는 언어란 '차이의 체계'라고 주장했다.

예를 들어 개를 뜻하는 일본어 '이누イヌ'와 영어 '도그dog'라는 단어를 따로 떼어 놓고 볼 때, 두 단어가 담는 뜻이 완벽하게 일치하지는 않는다. 왜냐하면 '이누'와 '도그'는 두 단어가 놓인 일본과 미국이라는 다른 나라의 언어 체계 안에서 자리하는 위치가 다르기 때문이다. '이누(개)'라는 단어는 '오카미(늑대)'와 같은 다른 일본어와의 차이에서 그 의미가 결정된다. 영어의 체계는 또 다르다.

그렇다면 실체로서 존재하는 단어 하나하나에만 주목해서는 언어 그 자체를 이해할 수 없다. 비슷하지만 미묘하게 다른 차이에서 의미가 생겨나기에, 차이라는 관계성이야말로 언어의 본질이라 할 수 있다.

소쉬르의 언어학은 난해하므로 여기서는 더 이상 다루지 않겠다. **함수란 관계성에 주목하는 수학적인 사고법이며, 소쉬**

르 언어학을 비롯한 문과 학문과도 이어져 있다는 점만 이해하면 충분하다.

좀 더 친숙한 예를 생각해 보자. 우리는 종종 'A는 좋은 사람이야' 혹은 'B는 나쁜 놈이야'라고 단정 짓는다. 각각을 독립한 실체로서 평가하는, 말하자면 곧 실체론이다.

그러나 관계주의의 관점에서 보면 평가가 달라질 수 있다.

A가 C에게는 좋은 면을 보이지만 D에게는 나쁜 면을 보일 가능성도 있다.

사람은 모두 타인과 맺는 관계성에 따라 행동이나 사고방식이 변한다. 그렇기에 어떤 상황에서 보인 행동만으로 그 사람의 전체 인격을 판단할 수는 없다. **우리는 관계성을 다양하게 만들어 가면서 복잡한 인간관계를 쌓아 올리고 있다.**

가족을 생각해 보더라도 나 한 사람만으로는 아무런 역할도 생기지 않는다. 결혼해서 아내가 있어야 남편이 될 수 있고, 남편이 있어야 아내가 될 수 있다. 아버지나 어머니가 되려면 아이가 있어야 한다. 남편은 아내라는 존재가 있어 남편이 되고, 부모는 아이라는 존재가 있어 아버지나 어머니로 변환된다.

미국의 발달 심리학자 에릭슨은 이러한 상호성에 따라 부모와 자식은 저마다 변화한다고 말했다. 아이가 초등학생이면 부모는 '초등학생의 부모'지만 고등학생이 되면 '고등학생의 부모'가 된다.

그러한 점에서도 **우리의 생활은 관계성 없이는 성립하지 않는다고 말할 수 있다.** 모든 것을 관계로 이해하는 관계주의의 관점은 실체가 아니라 변환에 주목하는 f의 개념과 이어져 있다.

흉내 내고 싶을 만큼 매력적인 '*f*'의 위대함

관계주의의 관점을 문화의 역사에 비춰 보면 위대한 예술가들의 존재 의의가 다르게 보인다.

예를 들어 모네라는 f에는 우리를 즐겁게 하는 훌륭한 작품을 수없이 낳았다는 점에서 큰 가치가 있지만, 모네의 존재 의의는 거기서 그치지 않는다. 모네의 f는 미술사에 '인상파'라는 거대한 사조를 낳았다. 존재하는 대상을 사실적으로 그리기보다 자신의 망막에 비치는 빛의 흔들림을 캔버스 위에 표현하는 것이 인상파다.

인상파라는 명칭은 모네의 〈인상: 해돋이〉라는 작품을 비평가가 혹평한 데에서 생겨났다. 모네의 f가 너무나 참신하고 강렬했기 때문에 처음에는 받아들여지지 못했던 것이다. 그러나 모네의 스타일은 많은 화가에게 영향을 미쳤을 뿐만 아니라, 음악이나 문학 분야에도 영향을 미쳤다. 모네는 자기 자신의 작품을 넘어 역사를 바꿔 버릴 만큼 '거대한 *f*'였다.

음악사를 예로 들어보자. 돌아보면 '교향곡'이라는 형식을 완성한 하이든은 거대한 *f* 중 한 사람이다. 하이든이라는 *f*가 만든 음악의 조류에서 베토벤, 브람스, 말러, 차이콥스키 등의 방대한 교향곡이 탄생했다.

재즈의 세계에서는 '비밥'이라 불리는 스타일을 창시한 찰리 파커가 바로 거대한 *f*다. 록을 예로 들자면 물론 비틀스가 그 필두다. 1970년대 이후 많은 뮤지션이 비틀스의 영향을 받아 다양한 음악을 만들었다. 아까 이야기한 이노우에 요스이도 그중 한 명이다.

인상파든 교향곡이든 비밥이든 비틀스든 아티스트 한 사람의 *f*가 따라 하고 싶을 만큼 매력적이었기 때문에 **시대의 흐름을 바꿀 정도로 거대한 *f*가 되었다.** 영향을 받은 사람들도 그 흐름 속에서 자기 나름의 *f*로 새로운 작품을 탄생시켰다. 이처럼 **흉내를 낼 수 있다는 것은 그 *f*가 명확한 변환성을 가졌기 때문이다.**

얼마 전에 《문호들이 인스턴트 야키소바 조리법을 쓴다

면》もし文豪たちがカップ焼きそばの作り方を書いたら이라는 책이 화제가 되었다. 원래는 트위터에서 퍼진 '무라카미 하루키가 인스턴트 야키소바 용기에 적힌 조리법을 쓴다면'이라는 소재에서 시작된 놀이다. 작가 다자이 오사무, 작가 미시마 유키오, 작가 나쓰메 소세키 등의 문체로 조리법을 써 보면 정말 재미있다. 예능인이자 코미디언인 고로케의 '흉내 내기'가 재미있는 것과 같은 이치다.

이런 놀이가 가능한 이유는 작가마다 문체가 독특하기 때문이다. 가수도 그렇지만 눈에 띄는 특징이 없는 사람은 흉내 내기의 대상이 될 수 없고 흉내를 낸다 해도 썩 재미있지 않다.

그리하여 '인스턴트 야키소바 조리법'은 내용이 모두 똑같고 문체만 다르게 했을 뿐인데도 개성적이고 재미있는 작품이 되었다. 작가의 개성이란 작품의 내용보다 f로 결정된다는 점을 알 수 있다.

그래서 한 작가의 문체에 푹 빠지면, 누구나 인정하는 걸작은 물론이고 많은 사람이 "이건 좀 별로인데."라고 평가하는 졸작이라도 재미있게 읽을 수 있다.

나에게는 니체가 그랬다. 니체의 초고로만 엮은 책을 대학원생 시절에 끊임없이 읽었는데 아무래도 초고다 보니 정돈

되지 않은 문장도 제법 있다. 그럼에도 모든 문장에서 니체의 스타일(니체라는 *f*)을 느낄 수 있어서 니체의 팬은 즐겁게 읽을 수 있다. 더욱이 번역된 문장에서도 니체다운 문체가 살아 있는 것을 보면 니체의 *f*는 매우 강력한 변환성이 있다고 할 수 있다.

니체의 *f*가 얼마나 강력한지는 내가 가르치는 학생도 알고 있다. 수업에서 니체의 《차라투스트라는 이렇게 말했다》 Also sprach Zarathustra를 읽고 '니체의 문체로 자신에 대한 에세이를 쓰시오'라는 과제를 내곤 한다. 그러면 학생들은 '도망쳐라 그대의 고독 속으로'처럼 독특하고 예리한 명령형을 사용해 그야말로 니체풍 문체의 에세이를 써서 제출한다.

니체의 문체는 살아가는 방식의 스타일이기도 하다. 문체를 영어로는 스타일이라고 한다. 이 스타일이 '함수 *f*'다.

프로듀서가 할 일은 가수의 'f'를 간파하는 것

음악의 세계에는 '커버 앨범'이라는 것이 있다. 앞서 소개한 이노우에 요스이의 〈블루 셀렉션〉Blue slection은 자신의 곡을 노래한 셀프 커버 앨범이지만, 다른 사람의 곡을 노래하여 수록한 앨범이 일반적인 커버 앨범이다. 말할 필요도 없이 커버 곡을 부른 가수의 f를 좋아하지 않는다면 커버 앨범을 듣기가 즐거울 리 없다.

그래서 뛰어난 f의 소유자가 아니라면 커버 앨범이 기획되지 않는다. 평범한 f를 가진 사람이 다른 이의 곡을 노래하는 것을 들을 바에야 오리지널을 듣는 편이 훨씬 즐겁다.

대표 발라드 가수 토쿠나가 히데아키의 커버 앨범 〈보컬리스트〉VOCALIST 시리즈는 밀리언셀러가 되었다. 토쿠나가 스타일의 '토쿠나가 *f*'에 매료되었다는 것이다.

나는 1980년대 최고 인기 아이돌 나카모리 아키나의 커버 앨범을 좋아한다. 여러 장 나온 앨범을 모두 가지고 있는데, 나카모리의 *f*가 모든 곡에 새로운 생명을 불어넣기라도 한 듯 완성도가 뛰어나다.

기회가 있다면 애니메이션 〈신세기 에반게리온〉의 테마곡 〈잔혹한 천사의 테제〉만이라도 들어 보길 바란다. 무시무시한 저음이 오리지널에는 없는 섬뜩함을 풍겨서 마치 원래부터 그녀를 위해 쓴 곡 같은 인상마저 받는다.

오래전 나는 1970년대 인기 가수 후지 케이코의 열성 팬이기도 했다. 그녀의 노래를 좋아해서 커버 곡을 포함한 모든 곡이 수록된 CD 전집을 샀을 정도다.

그중에 대표 엔카 가수 모리 신이치의 〈안녕 친구여〉를 커버한 곡도 들어 있는데 정말이지 대단한 노래다. 모리 신이치도 강렬한 *f*의 소유자지만 후지의 *f*는 그에 뒤지지 않는 파워가 있어서 곡에 전혀 다른 매력을 불어넣었다.

이처럼 커버 곡을 '자신의 작품'으로 재탄생시킬 수 있을 만큼의 f를 소유한 사람은 적다. 초보자가 노래방에서 부르는 노래와 비교하면 이해할 수 있다.

노래방에서는 누가 노래하든 다른 가수의 곡을 '커버'하는 것이다. 꽤 능숙하게 부르는 아마추어는 있어도 노래한 사람의 '작품'으로서 감상할 수 있을 만큼의 가창력을 소유한 사람은 없다.

노래방에서 100점이 연달아 나올 정도로 노래를 잘 부른다고 해서 가수가 될 수 있는 것은 아니다. 오히려 음정이나 리듬이 조금 엉성해서 노래방 기계로 고득점은 나오지 않더라도 누구도 넘보지 못할 자신만의 개성을 표현하는 사람이라면 가수가 될 수 있다.

그러므로 새로운 재능을 발굴하는 프로듀서에게 가장 필요한 능력은 노래를 잘하느냐 못하느냐를 구별하는 귀가 아니다. 노래 실력을 가늠하는 능력도 필요하겠지만, 더욱 중요한 것은 그 사람에게 잠재된 f의 가치를 간파하는 능력이다. 아무리 노래 잘하는 사람을 발견하더라도 그 사람의 f가 살아나는 곡을 제공하지 못하면 히트를 칠 수 없다.

예를 들어 데뷔곡 〈졸업〉으로 1980년대 큰 인기를 모은 아이돌 가수 사이토 유키는 어떤 곡으로 데뷔할지 결정하기 전에 스튜디오에서 다른 사람의 곡을 몇 곡 녹음했다. 노래를 듣고 나서 어떤 스타일의 곡이 잘 어울리는지 판단하기 위해

서였다. 그중 일부를 TV 토크쇼에서 들은 적이 있는데, 마츠다 세이코의 〈여름의 문〉을 비롯한 여러 곡을 너무나 잘 불러서 깜짝 놀랐다.

게다가 단순히 마츠다의 노래를 흉내 낸 것이 아니라 자기만의 스타일로 곡을 소화했다. 방송에 출연한 사이토 본인도 자신이 노래하는 모습을 보고는 "이 노래 꽤 잘 부르지 않았나요?"라며 웃었을 정도였다.

하지만 데뷔곡의 노선은 그와 다른 길을 택했다. 데뷔곡인 〈졸업〉이 약간 그늘지고 섬세한 곡이 된 데는 스튜디오에서 불렀던 1980년대 듀엣 가수 아밍의 〈기다릴게〉가 결정적이었다. 〈기다릴게〉도 방송에서 틀어 주었는데 듣고 있으니 가슴이 두근거릴 만큼 사이토의 목소리와 노래 스타일이 잘 어울렸다. 나카모리의 〈잔혹한 천사의 테제〉와 마찬가지로 〈기다릴게〉도 마치 사이토 본인의 노래처럼 들렸다.

〈기다릴게〉를 듣고 '이 방향으로 가자'고 결정한 사람이 바로 작사가인 마츠모토 다카시였다고 한다. 데뷔곡 〈졸업〉도 마츠모토가 작사를 했다. 가수의 *f*를 날카롭게 간파하여 그에 맞춘 곡을 만들고 크게 히트 친 것을 보면 프로가 하는 작업은 대단하다.

결코 "요즘은 이런 게 잘 먹히니까 이걸 불러." 하는 식이 아니다. 말하자면 가수 본인의 *f*를 꿰뚫어 보고 변환성을 구체화하는 함수의 수식을 쓰는 것과 같다고나 할까? 흔히 '계산대로 됐다'는 표현을 쓰는데, 이 경우는 '사이토라는 함수식은 바로 이것이었다'라고 표현할 수 있다.

가수 이시카와 사유리와 화가 사에키 유조에게 맞는 'f'는?

그중에는 데뷔 당시의 변환식이 본인의 f와 맞지 않았던 사례도 있다.

예를 들어 대표 엔카 가수 이시카와 사유리가 그렇다. 데뷔 당시 이시카와는 '아이돌' 가수였다. 〈숨바꼭질〉로 데뷔했을 때는 '꽃의 중3 트리오'의 한 사람으로 1970년대 엄청난 인기를 누렸던 아이돌 사쿠라다 준코처럼 하얀 모자를 쓰고 있던 모습을 기억한다.

하지만 안타깝게도 사쿠라다를 뛰어넘는 인기를 얻지는 못했다. 이시카와는 엔카 가수로 방향을 전환하여 〈쓰가루 해협·겨울 풍경〉을 부르면서 인기를 얻었다. 지금도 엔카계의 거물로서 홍백가합전에 출연하는 것을 보면 엔카가 이시카와의 f에 맞는 변환식이었다는 사실은 누가 보아도 분명하다.

화가 역시 우연한 계기로 자신에게 맞는 변환식을 발견하기도 한다. 일본의 반 고흐라 불리는 서양화가 사에키 유조는 파리에서 많은 대표작을 그렸다. 사에키가 파리에서 주로 활동한 데는 이유가 있다.

처음 파리에 건너갔을 당시 그는 야수파 화가로 유명한 프랑스 작가 블라맹크를 찾아가 자신의 그림을 보여 주었다. 그러자 블라맹크는 "아카데미즘에 찌든 그림 같으니라고!" 하면서 사에키의 그림을 비난했다고 한다. 이딴 그림은 그저 누가 가르쳐준 대로 그린 그림일 뿐 눈곱만큼도 흥미롭지 않다고 말했다. 자신의 진짜 잠재력을 표현해야 한다는 의미였을 것이다.

충격을 받은 사에키는 '자신의 잠재력'을 끌어낼 모티프를 모색했다. 그러다 파리의 번화가에 있는 다양한 '벽'을 발견했다. 너덜너덜 찢겨 나간 포스터가 붙어 있는 낡은 벽이 있는가 하면, 낙서투성이에 다 무너져 가는 벽도 있다. '이거다!'라고 생각한 그는 파리의 벽만을 그렸다. 그에게는 벽을 그리는 것이 자신의 재능을 최대한으로 끌어내는 변환식이었다.

그 후, 건강상의 이유로 귀국한 사에키는 일본의 풍경을 그렸지만 생각만큼 잘 그릴 수가 없었다. 당시 일본의 건물이나 벽은 목조라서 돌이나 콘크리트로 된 파리의 거리와는 달랐다. 딱딱함이 없는 일본 거리나 시골 풍경으로는 자신의 장점을 발휘할 수 없다는 사실을 깨달은 그는 다음 해에 다시 파리로 돌아갔고 두 번 다시 일본 땅을 밟는 일은 없었다. 그가 화가로서 살아가기 위해 필요한 변환식은 파리에만 존재했던 것이다.

스타일이란 '일관된 변형 작용'이다

지금까지 f라는 기호로 나타냈던 것을 일상적인 단어로 표현하면 '스타일'이라 부를 수 있다. 철학자 메를로 퐁티는 **스타일이란 '일관된 변형 작용'**이라고 갈파했다.

모네, 고흐 등의 화가, 나카모리 아키나, 후지 케이코 등의 가수, 무라카미 하루키, 니체 등의 문필가의 표현을 접한 사람은 그들만의 독특한 스타일이 있다고 느낀다. 퐁티의 말에 따르면, **어떤 정해진 스타일이 있다고**

모리스 메를로 퐁티
(1908~1961)
프랑스의 철학자. 현상학의 발전에 힘썼다.

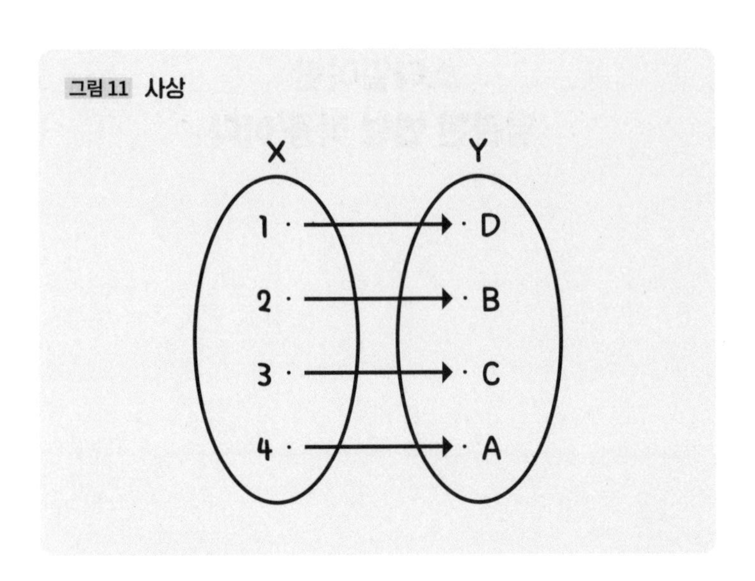

그림 11 사상

느끼는 이유는 어떤 것을 다른 무언가로 변형할 때 일어나는 작용에 일관성이 있기 때문이다. 이것이 바로 함수의 작용이다. 스타일이라는 추상적인 개념의 바탕에는 온갖 변환을 다루는 함수라는 수학이 자리한다.

그렇기에 f로서 개성을 지니는 것은 아티스트만이 아니다. 어떠한 스타일을 지니는 것은 모두 f로서 기능하고 있다.

나는 중학교에서 **사상**写像이라는 개념을 배웠을 때 함수가 일관된 변형 작용이라는 점을 이해했다. 사상은 함수와 거의 같은 개념이라고 생각해도 되지만 설명 방식이 약간 다르다.

사상이란 어떤 집합 X의 원소(집합에 포함되는 개개의 요소)**가**

다른 집합 Y의 원소 중 하나와 대응하는 관계를 말한다. 이렇게 말로 설명하면 어려울지도 모르지만 왼쪽의 그림(그림 11)을 보면 이해하기 쉽다. 그림 11에서 보면 집합 X의 원소 '1'의 사상은 집합 Y의 원소 'D', '2'의 사상은 'B'가 된다.

숫자를 알파벳으로 변환하기 때문에 함수식으로 나타낼 수는 없지만 함수와 마찬가지로 일관된 변형 작용이 있다. 그러므로 사상을 f라는 수식으로 나타내는 것이 함수라고 생각하면 된다.

이로써 함수의 이미지를 깨친 나는 일차함수나 이차함수를 계산하거나 그래프를 그리면서도 '이런 건 중요하지 않은데'라고 생각했다.

다양한 곳에 존재하는 일관된 변형 작용, 즉 스타일에 주목하여 세상을 바라보겠다고 결심했다.

존 매켄로의 스타일을 완벽하게 복제하다

나는 테니스부 활동을 하며 함수의 개념을 처음 응용해 보았다. 수학 시간에 배운 지식을 클럽 활동에서 살린다. 실로 문과생다운 수학 활용법이다.

나는 다른 사람과 똑같은 연습을 하고 똑같은 플레이를 하는 데 그치지 않고 나만의 플레이 스타일을 확립하고 싶었다. 그러려면 먼저 자신의 강점과 약점을 인식하는 것이 중요하다. 나는 체구가 작아서 공의 파워나 스피드는 밀리지만 대신 풋워크에는 자신이 있었다. 그래서 택한 전략이 '쳐 내고 또 쳐 내는 플레이 스타일'이다. 오로지 상대의 공에 달라붙어서 공을 받아치기만 할 뿐이지만 '이 스타일로 가겠다'고 정한

후 의외로 순조롭게 경기를 풀어 갔다.

전보다 강해진 느낌은 있었지만, 그저 공을 쳐 내기만 해서는 공격성이 떨어지므로 한계를 느꼈다. 그래서 존 매켄로의 플레이 스타일을 모방하기로 했다. 내가 동경하는 선수였고 '매켄로는 파워가 세지 않은데도 늘 이기는' 점도 마음에 들었다.

당시 라이벌 관계에 있던 비에른 보리의 파워풀한 플레이는 내가 흉내 낼 수 없지만, 매켄로는 따라 할 수 있을 것 같았다. 그렇게 생각해서 '서브 앤 발리' 기술부터 스텝 밟는 방법까지, 그를 '완벽하게 복제'한다는 마음가짐으로 모방했다.

이 전략이 성공해서 테니스 실력이 늘었고 무엇보다 아주 즐거운 경험이었다. **그의 f를 알기 위해 플레이를 꼼꼼히 관찰하고 똑같이 따라 할 수 있도록 연습했다.** 그때의 나는 단지 테니스라는 경기를 즐겼을 뿐만 아니라 가장 좋아했던 매켄로의 f도 만끽하고 있었다.

나는 취미 수준에서 끝났지만, 특히 뮤지션 중에는 10대에 열중했던 '완벽 복제'가 프로의 길에 들어서는 출발점이 된 사람도 많을 것이다.

아마 이노우에 요스이도 비틀스를 모방하는 데서부터 시

작하지 않았을까 싶다. 전에 어떤 TV 방송에서 비틀스의 〈풀 온 더 힐〉The fool on the hill을 직접 연주하면서 노래하는 장면을 보았다. 흥미로웠던 부분은 노래 도중 자연스럽게 '긴자로 비둘기 버스가 달린다'라는 가사의 자작 노래인 〈도쿄〉TOKYO로 이어졌던 것이다. 그때까지 나는 두 곡에 비슷한 부분이 있다는 사실을 깨닫지 못했다.

젊은 시절에 만났던 비틀스의 f와 화학 변화를 일으키며 이노우에의 f가 길러졌다.

애플과 혼다의 변형 작용

지금까지는 개인의 f에 관해서만 이야기했다.

그러나 일관된 변형 작용이라 할 수 있는 스타일은 사람에게만 있지는 않다. 오히려 **세상은 대부분 스타일로 이루어져 있다**고 말해도 좋을 정도다.

예컨대 기업이 그렇다. 기업에 특유의 스타일이 없다면 어느 업계에서 내놓든 상품이나 서비스가 모두 고만고만할 것이다. 그렇지 않고 회사마다 특징이 있는 이유는 어느 회사든 경쟁에 이기기 위해 다른 회사와 차별화된 개성을 부각시키려 하기 때문이다. 그러한 개성이 회사의 스타일이 된다.

일관된 스타일이 없더라도 동종 업계의 타사와는 다른 상품을 만들 수 있을지도 모르지만, 그래서는 브랜드 이미지가 자리를 잡지 못한다. **신뢰성을 높이려면 역시 일관된 변형 작용이 필요하다.**

예를 들어 보자. 지금처럼 거대한 기업이 되기 전부터 애플에는 충성 팬이 많았다. 설령 타사 상품보다 쓰기 불편해도, 가격이 비싸도 맥북을 선호한다. 예전의 맥북은 작동이 자주 멈춰서 사용자의 골치를 썩였지만 그럼에도 충성 팬은 윈도우로 갈아타지 않았다. 애플 제품에만 있는 디자인 감각 등에 홀딱 빠졌기 때문에 다른 선택지는 눈에 들어오지 않는다. 개별 상품에 돈을 지불한다기보다 애플의 스타일을 구매하는 것이다.

그러나 스티브 잡스가 애플을 떠났을 때 고정 팬도 함께 떠나 버렸다. 그런 의미에서는 잡스 개인의 f가 회사 스타일의 원천이었다고도 말할 수 있다. 다시 애플에 돌아온 잡스는 제품의 디자인을 원래대로 심플하게 만들어 회사의 스타일을 재정립했다. 회사의 변형 작용에 일관성이 사라지면 사용자의 신뢰를 잃게 된다.

자동차 업계도 회사 스타일에 따라 충성 팬이 모이기 쉬운 분야 중 하나다. 전형적인 사례가 혼다 자동차다. 맥북 팬과 마찬가지로, 혼다 차를 타는 사람은 '무조건 혼다만 탄다'는 케이스가 많지 않을까 싶다.

혼다 스타일의 뿌리는 창업자인 혼다 소이치로에게서 이어받은 도전 정신이다. 최근에는 소형 비즈니스 제트기로 개발된 '혼다제트'가 그야말로 혼다다운 도전으로 화제가 되었다. 페라가모의 구두에서 영감을 얻은 동체 앞부분 디자인이나 날개 위에 엔진을 배치한 설계 등 혼다만이 할 수 있는 대담하고 모험적인 발상으로 좋은 평가를 받았다.

한편, 도요타의 스타일은 혼다와 대척점에 있다. 도요타의 가장 큰 개성은 '고장이 나지 않는다'는 것이다. 세단, 트럭, 왜건, 사륜구동 등 차종을 가리지 않고 내구성이 뛰어나다. 변환식의 x에 무엇을 넣더라도 도요타의 f에서는 오래 타도 고장이 잘 나지 않는 차가 나온다.

물론 혼다 차라고 해서 금방 고장 나지는 않고 도요타에도 개성적인 디자인의 차가 있지만, 그것은 일관된 변형 작용에서 나온 것이 아니다. 그래서 혼다 차에 결점이 조금 있더라도, 도요타 차의 디자인이 평범해도 소비자는 별 불평을 하지 않는다.

구직을 할 때는
회사와 나의 '*f*'의 상성이 중요하다

기업의 스타일은 외부에서 보이는 것이 전부가 아니다.

예를 들어 무역 회사는 일반 소비자에게 상품이나 서비스를 제공하지 않으므로 회사 밖의 외부인은 내부의 분위기를 알기 어렵다. 하지만 그런 업계에도 회사마다 '사풍'이라는 것이 있다. 같은 무역 회사라도 견실한 거래 실적을 꾸준히 쌓아 올리는 방어적인 회사도 있고, 위험 부담이 큰 분야에 공격적으로 도전하는 회사도 있다.

그래서 사원을 채용하는 방침에도 여러모로 차이가 있다. 그러므로 무역 회사에 취직하기를 원한다면 회사마다 사풍이 다르다는 점을 고려해야 한다.

'무역 회사가 원하는 인재상은 이렇다'는 고정 관념에 빠져 있으면 면접을 볼 때 각 회사의 f에 제대로 대응할 수 없다. 무역 회사에는 분명 은행이나 제조업의 f와는 다른 f가 있겠지만, 회사는 어디에나 있는 전형적인 '상사맨'을 요구하는 것이 아니라 자사의 사풍에 맞는 '사원'을 원한다.

회사의 채용 면접은 **회사의 f와 입사 희망자의 f가 만나는 자리다.** 기업의 채용 담당자는 면접 대상자가 어떤 f의 소유자인지를 알고 싶어 한다.

"실패담을 말해 주세요."라는 질문을 상대의 x에 넣었을 때 나오는 대답은 각자의 f에 따라 다르다. 채용 담당자는 대답 그 자체가 아니라 변환성을 본다. '무역 회사에서는 이런 대답을 원할 것이다'라고 생각하며 형식적이고 교과서적인 대답을 한다면 그다지 효과가 없다.

'짧은 시간의 면접에서 지원자에 대해 얼마나 알 수 있겠어?'라고 의문을 갖는 사람도 있을 것이다. 하지만 기업의 인사 담당자가 학생의 f를 꿰뚫어 보는 안목은 보통이 아니다. 대학교 1학년 때부터 모든 과제에 최선을 다했던 학생은 최종 면접에서 합격 통보를 많이 받는다. '무슨 일이든 최선을 다하는' 그 학생의 일관된 스타일은 짧은 대화로도 충분히 전달된다.

여하튼 취직은 회사의 f와 구직자의 f의 상성에 좌우되는 면이 크므로 특정 업계의 면접에서 줄줄이 떨어졌다 하더라도 그 일에 적합하지 않다는 뜻은 아니다.

예를 들어 출판사 편집자에게 들어 보면 "취업 준비를 하면서 많은 출판사에 지원했지만 지금 다니는 회사 하나만 붙었어요."라는 사람이 많다. 또, TV 방송국 면접을 여러 군데 치렀어도 f의 상성이 좋은 한 회사에만 합격했다는 이야기도 자주 듣는다.

'조직과 개인'의 화학 반응

'조직과 개인' 사이에도 상성이 있다는 사실은 스포츠 팀과 선수를 봐도 알 수 있다.

축구계에서 강렬한 f를 자랑하는 클럽 팀으로는 스페인의 FC 바르셀로나가 있다. 빠른 패스를 주고받으며 공격적으로 싸우는 스타일로 전 세계의 팬들을 사로잡고 있는데, 바르셀로나의 공격적인 스타일에 맞지 않는 선수도 적지 않다. 물론 바르셀로나에서 활약하려면 고도의 테크닉이 있어야 하지만 단지 '테크닉이 뛰어난' 것만으로는 충분하지 않다. 실제로 다른 클럽에서는 맹활약하던 스타급 선수가 바르셀로나로 이적한 뒤 기대에 못 미치는 일이 많다.

덧붙여 유소년 팀에서 시작하여 바르셀로나에서 성장해 왔고 감독으로서도 많은 타이틀을 획득한 과르디올라는 이후 FC 바이에른 뮌헨과 맨체스터 시티 FC의 감독을 맡으며 팀에 FC바르셀로나의 *f*를 이식해 강한 팀으로 만들어 냈다. 바로 조직과 개인의 *f*가 화학 반응을 일으킨 사례 중 하나다.

기업 또한 경영자의 *f*에 따라 스타일이 달라지기도 한다. 오랜 역사가 있는 대기업은 그 기업의 사풍에 물든 샐러리맨 출신 사장이 대부분이지만, 새로 떠오르는 스타트업은 경영자가 바뀌면 다른 회사인가 싶을 만큼 달라지기도 한다.

구직 활동 중인 학생뿐만 아니라 이직을 생각하는 직장인도 그런 면을 고려하여 자신과 상성이 맞는 회사인지 파악하는 게 좋다.

결혼 역시 *f*의 상성이 중요하다. 사람은 저마다 자신이 자란 지역이나 가정의 *f*에 영향을 받으며 생활 스타일을 구축하기 때문에 결혼은 *f*와 *f*의 충돌과 같다. 밖에서 데이트할 때는 미처 몰랐던 *f*의 차이를 함께 살면서 처음 알게 되는 일이 많다. 둘 사이의 차이에 타협점을 찾아 가며 새로운 *f*를 만드는 것이 '새로운 가정을 꾸린다'는 말의 진정한 의미라고 할 수 있다.

사실 나는 꽤 특이한 f를 형성한 가정에서 자랐다. 우리 집에서는 저녁 식사 시간이 정해져 있지 않았다. 저녁 6시쯤에 상을 차리면 한밤중인 12시까지 쭉 '상이 차려진' 상태였다. 아무 때나 각자 먹고 싶을 때 먹으면 되기 때문에 온 가족이 함께 식탁에 둘러앉는 일이 거의 없었다.

아버지는 식탁에서 홀짝홀짝 술을 마시고, 어렸던 나는 밥을 먹다가 TV를 보러 가기도 하고 다시 와서 밥을 먹다가 내 방에 가서 책을 읽기도 했다. 식사가 언제 끝났는지도 확실하지 않아서 "잘 먹었습니다."라는 말을 한 적이 없다.

그리고 우리 집에는 TV가 두 대 있었는데 늘 두 가지 방송이 흘러나왔다. TV를 보면서 다들 제각기 "MC가 진행을 잘 못하네."라며 신랄한 비평을 이어 가는 모습이 우리 집의 일상이었다. 그러면서 때때로 식탁에 가서는 뭔가 먹고는 했으니 정말이지 어수선한 집이었다.

당시 나는 다른 집들도 다 그렇다고 믿고 있었지만 아무래도 그렇지 않았던 모양이다.

결혼 후에도 이 f를 지속할 수는 없다. 상대방에게는 상대방의 f가 있기 때문에 나도 결혼하고 나서는 생활 방식을 바꾸었다. 그러나 철이 들 무렵부터 유지해 온 생활 패턴을 도저히 바꾸고 싶지 않은 사람도 있을 것이다. 부부가 둘 다 그런 타입이라면 '가치관의 차이'를 이유로 이혼하게 될지도 모른다.

요즘 저출산의 한 요인으로 비혼이나 만혼을 드는데 그 배경에는 f의 충돌도 있지 않을까 싶다. 물론 결혼하고 싶어도 경제적인 이유로 못 하는 사람도 많겠지만 경제적으로는 아무 문제가 없어 보이는데도 결혼 생각이 없는 사람도 많다. 아마도 몸에 익어 친숙한 자신의 f를 무너뜨리기 싫어서일지도 모른다.

국가와 종교도 '거대한 f'

기업이나 스포츠 팀의 f가 더욱 거대한 f의 영향을 받기도 한다. 바로 '국가'다.

애플과 구글은 각각 독자적인 스타일이 있지만, 한편으로 '미국 기업' 특유의 공통점이 있을지도 모른다. 혼다와 도요타에서도 분명 '일본 기업' 특유의 공통점을 발견할 수 있지 않을까 싶다. FC 바르셀로나의 스타일 역시 '스페인 축구 클럽'이기에 생겨난 특성이 있을 것이다.

기업이나 스포츠만이 아니다. 프랑스 요리, 이탈리아 요리, 중국 요리, 터키 요리, 그리스 요리, 일본 요리 등 요리만 보더라도 국가의 f가 저마다 다른 변환성을 갖추고 있다는 사실은 분명하다.

그 외에도 의복, 건축, 음악, 문학 등 x에 무엇을 넣어도 일관성이 있으며 다른 나라와는 다른 스타일로 변환된다. **'국가라는 f'**의 작용은 실로 강력하다.

그 일관성이 무엇인지 말로 설명하기는 쉽지 않다. 하지만 확실히 '그 나라답다'고 느끼게 하는 무언가가 있다.

일찍이 일본에서는 많은 젊은이가 미국 스타일에 푹 빠져 있었다. 음악, 패션, 음식 등 무슨 장르든 '미국풍'이 유행을 선도했다. 구체적으로 무엇이 미국풍인지 설명할 수 있는 사람은 거의 없었다. 하지만 그 유행에는 어떤 공통된 변환성이 있다.

지금은 가치관이 다양해져서 사람에 따라 좋아하는 나라, 동경하는 나라가 전부 다르다. 개인의 f와 국가의 f에도 상성이 좋고 나쁨이 있어서 자기도 모르게 특정 국가의 f에 끌린다. 이탈리아에 푹 빠지면 요리, 패션, 스포츠, 자동차 등 이탈리아의 것이라면 무엇이든 호감이 생긴다.

국가 외에도 테두리가 넓은 f로 **'종교'**의 존재도 잊어서는 안 된다. 불교, 크리스트교, 이슬람교 등은 국가보다도 훨씬 거대한 f다.

특히 크리스트교는 서양 문명의 척추와 같은 존재다. 음악, 미술, 문학, 스포츠, 과학 같은 문화에서 근대적인 사회 시스템에 이르기까지 매우 포괄적인 영향력을 미치는 f다.

그렇게 하나씩 짚어 가다 보면 세상은 다양한 f가 복잡하게 얽혀서 성립되었다는 사실을 알 수 있다.

기원을 거슬러 올라가면 먼저 지구 환경이라는 f에서 생명이 탄생하고, 생명 현상이라는 f에서 호모 사피엔스, 즉 인류라는 f가 진화했다. 인류라는 f에서 종교, 민족, 다양한 문화 등의 온갖 f가 태어났고, 그 영향을 받으면서 우리 한 사람, 한 사람의 f도 완성되었다.

노래방이라는 'y'는 어떤 함수에서 나왔을까?

세상은 f로 구성되어 있으므로 일상생활에 함수를 활용하지 않을 방법은 없다. f를 통해 주변의 다양한 일들을 보면 세상은 지금까지와는 다른 모습으로 보인다. 막연히 바라만 보아서는 알 수 없던 세상일의 의미가 f를 의식하면 보이기 때문이다.

그러니 **'이건 어떤 f에서 생겨났을까?'** 하고 생각해 보길 바란다. 지금까지 '세상에는 어떤 f가 있을까?'를 살펴보았는데 함수 $y=f(x)$란 'x에 뭔가를 넣으면 y가 되어 나온다'는 의미다. 따라서 **같은 f라 하더라도 x에 무엇을 넣었느냐에 따라 y가 달라진다. y를 보고 어떤 변환을 거쳐 그 y가 나왔을지**

생각해 보자.

예를 들어 노래방이라는 y는 어떤 f에서 나왔을까?

지금은 개별로 분리된 방에서 노래를 부르는 것이 일반적이지만 원래는 그렇지 않았다. 주점에 노래방 기계가 설치되어 있어서 술을 마시러 온 손님이 종업원에게 요청하면 곡을 틀어 주는 시스템이었다.

그래서 노래를 듣는 사람은 함께 간 동료만이 아니다. 어쩌다 가게에서 같이 있게 된 생면부지인 사람들도 같이 듣는다. 손님 모두에게 마이크가 돌기 때문에 다른 손님들의 노래도 들어야 한다. 모르는 사람들끼리 서로의 노래를 듣다니 지금 생각해보면 신기한 광경이지만, 당시에는 서로에게 박수를 쳐 주고 "노래 잘 하시네요." 하면서 그 나름대로 재미있게 즐겼다.

주점에서 술을 마시는 김에 노래하던 것이, 이윽고 놀이의 하나로 독립된 존재감이 생기면서 전용 서비스가 등장했다. 바로 노래방이다. 노래 주점이라는 x를 어떤 f에 넣었더니 노래방이라는 y로 변환되었다.

그것은 어떤 f일까? 명칭의 변화를 보면 금방 알 수 있다.

'노래 주점'을 '노래방'으로 변환한 것은 **'개별화'라는** f다. 이러한 변형 작용으로 노래방은 친구들끼리 남의 눈치를 보지 않고 노래할 수 있는 새로운 오락이 되었다.

그 사실을 알고 나면 이제 개별화라는 함수에 대해 생각할 수 있다. 개별화 함수의 x에 또 다른 것을 넣으면 노래방이 아닌 다른 y가 나올 것이다. 그렇다면 그 밖에도 개별화라는 f에서 생겨나는 다른 무언가가 있을지도 모른다.

가게 안에 칸막이를 설치해 '개인실'을 갖춘 술집이 늘어난 것도 개별화의 한 예라 할 수 있다.

그러면 이제 **세상의 트렌드에 눈을 뜰 수 있다.** 무언가를 개별화하는 새로운 사업 아이디어가 탄생할지도 모른다. 세상을 f로 보면 그러한 힌트를 얻을 수 있다.

노래방과 프라모델의 공통점

또 한 가지를 생각해 보자. 노래방은 노래 주점을 개별화한다는 f에 넣은 결과지만, 노래 주점은 어떤 f에서 생겨났을까? 짐작이 잘 가지 않을지도 모른다.

그러나 이 역시 이름 자체에 힌트가 있다. 노래방에서 사용하는 음악 반주 기계를 뜻하는 일본어 '가라오케'란 텅 비었다는 뜻의 '가라'와 '오케스트라'를 합친 말이다. 원래는 '오케스트라 반주만 있다'는 뜻으로 음악 관계자들이 쓰는 속어다. 정작 중요한 요소인 노래(가수)가 텅 비었기 때문에 가라오케라고 했다. 반주를 녹음해 두면 라이브를 할 때 일일이 대규모 밴드를 부를 필요가 없다. 가수만 있으면 제대로 반주가

딸린 노래를 들려줄 수 있다.

여기서 주목해야 할 것은 '노래에서 보컬을 제거했다'는 점이다. 음악 반주만 듣고 싶은 사람은 거의 없다. 말하자면 노래방은 '햄버그 스테이크' 정식에서 '햄버그'를 뺀 것과 같다. 일반적으로는 사람들이 미완성 상태인 상품을 좋아할 리 없다고 생각한다. '햄버그 스테이크'의 '햄버그'를 돈을 내고 직접 만들고 싶은 사람은 없다.

하지만 노래방은 다르다. 가수가 부르는 노래를 듣고 싶어 하는 사람도 있지만 직접 노래하고 싶은 사람도 많다. 그래서 미완성 음악이 상품이 되었다. 즉, 노래방이란 '완성시키는 기쁨'을 얻고자 돈을 내는 서비스다.

아무리 프로의 연주를 흉내 내고 싶어도 그러려면 많은 준비가 필요하기에 일반인으로서는 사실상 불가능하다. 연주할 곡의 악보를 쓰고, 악기를 다룰 수 있는 사람들을 스튜디오에 모아 몇 번이고 연습해야 겨우 노래할 수 있다. 아마추어 밴드를 결성해 라이브라도 한다면 모를까, 그런 도락에 어울려 줄 사람은 여간해서는 찾기 힘들다.

하지만 노래방은 거의 완성품에 가까운 상태로 만들어져 있다. 가장 중요한 마지막 부분만을 남기고 "자, 당신의 솜씨로 완성시켜 주세요."라고 하듯 전주가 시작되는 것이 노래방이다.

그 외에도 노래방과 비슷한 놀이가 있다. 완성되지 않은 상품을 사서 직접 완성시키는 '프라모델'이다. 인테리어로 방에 좋아하는 물건을 장식하고 싶다면 완성된 피규어나 미니어처 등을 사면 된다. 음악 CD와 마찬가지로 전문가가 만들었기 때문에 완성도도 높다. 하지만 프라모델을 사는 사람은 자기 손으로 직접 만들고 싶어 한다. 그러나 재료나 부품을 일일이 만들 수는 없다. 그래서 거의 완성 직전인 부품과 설계도를 제공받아 최종 공정인 조립만 하면 되는 프라모델에 돈을 지불한다.

노래방과 프라모델은 언뜻 아무 연관이 없다. 전혀 관련이 없어 보이는 두 가지 놀이가 사실 동일한 f에서 나왔다, 즉, 둘은 의외로 '같은 스타일'에 속한다.

이러한 f에서 태어난 가장 소박한 놀이는 아마 '색칠 공부'이지 싶다. 선만 그려진 미완성 그림에 직접 색을 칠하여 완성하는 재미를 얻는다. 노래방이나 프라모델과 판에 박은 듯 쏙 빼닮은 스타일이다. 둘에 앞서 태어난 색칠 공부에 경의를 표하는 의미에서 이러한 변환성을 **'색칠 공부화'**라고 불러야 마땅하다. 노래방은 음악을 색칠 공부화한 것이다.

요즘 새로 등장한 동영상 플랫폼인 '틱톡'에도 색칠 공부화의 요소가 있다. 배경 음악이 깔린 동영상을 손수 제작하기는 어렵지만, 틱톡은 배경 음악이나 특수 효과를 고르기만 하면 오리지널 동영상을 손쉽게 편집할 수 있다. 유명 아티스트의 춤을 모두가 따라 하는 것도 틱톡의 놀이 방법 중 하나인데, 그런 면도 노래방과 유사하다.

이처럼 색칠 공부화라는 f는 다양한 히트 상품을 낳았다. 각기 장르는 다르지만 동일한 f를 사용했다. 그렇다면 또 다른 무언가를 색칠 공부화하여 새로운 상품이나 서비스를 만들 수도 있다.

아까 '햄버그 스테이크 정식의 햄버그를 직접 만들고 싶은 사람은 없다'고 말했지만 '요리를 완성하는 즐거움'에 돈을 내게 하는 서비스가 생길 가능성도 있다.

세상을 f로 보는 습관을 기르면 주변에 산처럼 쌓인 다양한 힌트가 보인다. **새로운 히트 상품이 나오면 그것이 어떤 f에서 변환되었을지 생각해 본다.** 개별화나 색칠 공부화 외에도 패키지화, 통조림화, 인스턴트화, 미니어처화 또는 거대화, 모바일화 등 **세상에는 다양한 f가 있다.**

그러한 함수를 깨닫고 또 다른 분야에 응용하려는 시도는 수식이나 그래프를 전혀 쓰지 않더라도 충분히 훌륭한 '수학적 사고법'이다. 문과 관련 분야에서도 쓸모가 있다. **함수는 세상의 구조를 알기 위한 강력한 도구다.**

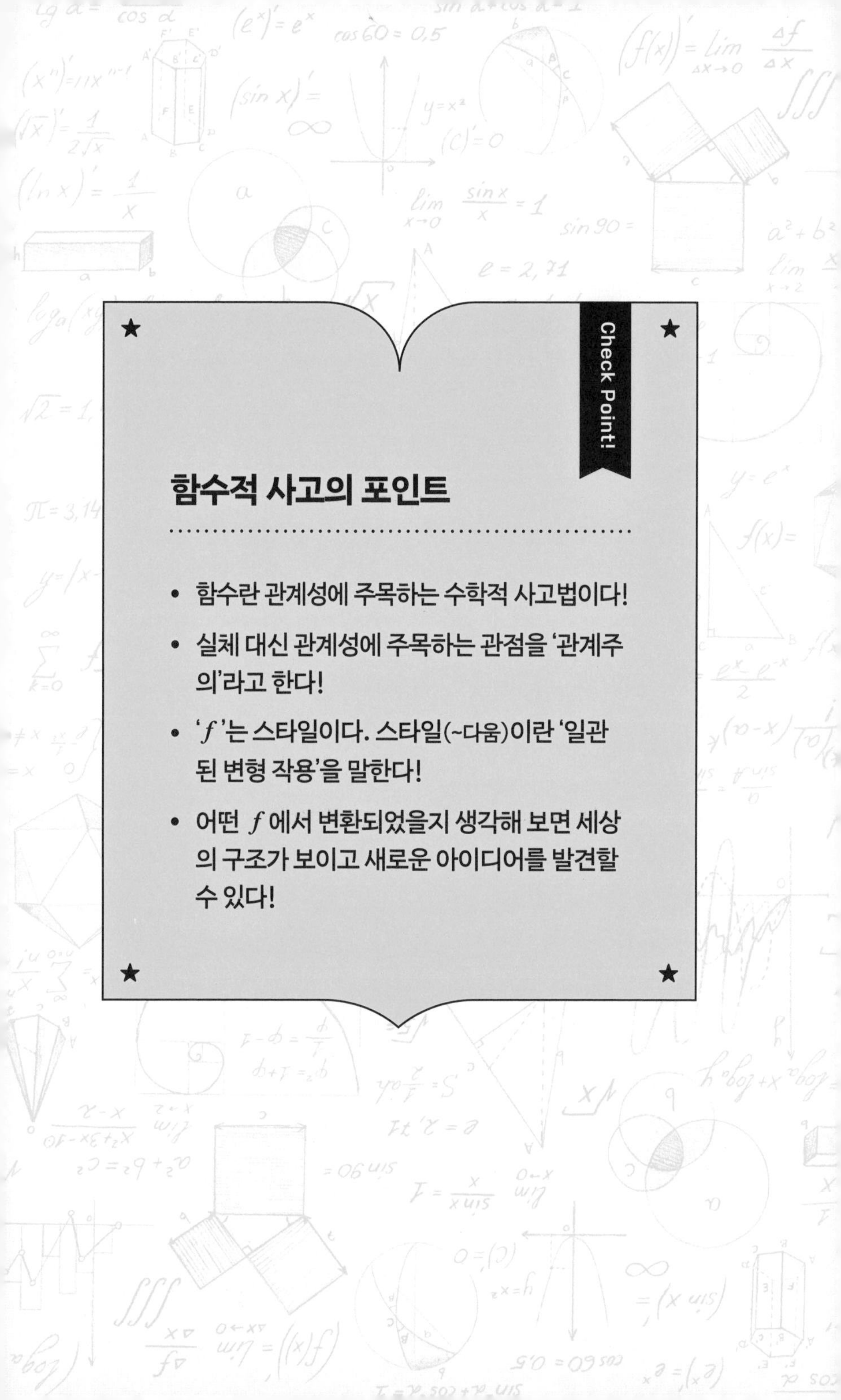

Check Point!

함수적 사고의 포인트

- 함수란 관계성에 주목하는 수학적 사고법이다!
- 실체 대신 관계성에 주목하는 관점을 '관계주의'라고 한다!
- 'f'는 스타일이다. 스타일(~다움)이란 '일관된 변형 작용'을 말한다!
- 어떤 f에서 변환되었을지 생각해 보면 세상의 구조가 보이고 새로운 아이디어를 발견할 수 있다!

제3장

좌표

x축과 y축으로 세상을 평가한다

한 철학자가 고안한 수학의 기본 도구

문과생이라도 '미분'과 '함수'를 의식하면 세상사를 수학적으로 생각할 수 있다는 이야기를 했다. 미분과 함수 모두 수학의 분야다 보니 수식을 약간 사용해서 설명했는데, 그 밖에도 공통적으로 나오는 수학의 도구가 또 하나 있다.

바로 **좌표축**이다. 미분을 설명하면서 매사의 변화를 나타내는 그래프를 몇 가지 살펴보았던 것을 기억하는가? 함수 설명에서도 변환식 '$y = f(x)$'의 그래프가 등장했다. 그래프는 변화나 변환 등의 상태를 시각적으로 나타낼 수 있어 매우 편리하다. 그리고 세로와 가로의 좌표축이 없으면 그래프를 그릴 수 없다.

수학과 거리가 먼 사람이라 할지라도 좌표축을 사용한 기본적인 그래프를 그리는 법은 알 것이다. 가로축을 x, 세로축을 y라 했을 때 먼저 x와 y의 값을 조사하고, 조사한 값에 따라 x축과 y축에 수직인 선을 긋는다. 선이 만나는 점(좌표)은 x와 y의 값이 바뀌면 위치가 달라진다. 교점을 여러 개 찍어 선으로 연결하면 그래프가 된다.

수학에 꼭 필요한 좌표축을 누가 고안했는지 아는가? 좌표축을 고안한 사람이 있다는 사실 자체가 의아한 사람도 있을 것이다. '나는 생각한다, 고로 나는 존재한다'로 유명한 철학자, 르네 데카르트가 고안했다는 말을 들으면 점점 더 의아할지도 모른다.

그러나 데카르트는 철학자이자 수학자이기도 했다. 데카르트의 철학 체계도 수학과 기하학을 연구하며 기른 합리성에 기초를 두고 있다. 그가 세로축과 가로축이 직각으로 교차하는 **'직교좌표'** 개념의 원안을 고안했다고 여겨지므로, 그의 이름을 따서 직교좌표를 **'데카르트 좌표'**라고도 한다(여담이지만 나는 직교좌표와 '나는 생각한다, 고로 나는 존재한다'는 이어진다고 생각한다. 둘 모두 원점이 결정되면 다른 하나가 결정된다는 의미다).

르네 데카르트 (1596~1650)
프랑스의 철학자, 수학자.
근대 철학의 아버지.

문과생 중에는 좌표축만 봐도 거부 반응을 일으키는 사람도 있을 것이다. 수학뿐만 아니라 물리나 화학의 세계에서도 그래프를 자주 사용하기 때문에 좌표축은 '이과 냄새'를 풀풀 풍긴다.

하지만 이과 분야에서만 좌표축을 사용하지는 않는다. 미분과 함수가 그랬듯이 문과생이 세상을 관찰하고 분석하는 데 좌표축은 큰 도움이 된다. 제3장에서는 직교하는 'x축'과 'y축'이라는 간단한 도구를 이용한 수학적 사고법에 대해서 이야기하겠다.

평면상의 '주소'는 숫자 두 개로 정해진다

데카르트 좌표가 편리한 이유는 **'위치를 결정할 수 있기'** 때문이다. 먼저 좌표축이 x축 하나뿐이라고 하자. 정중앙이 0(원점)이고 원점을 기준으로 오른쪽이 양수, 왼쪽이 음수다. '+3'이나 '-7' 등 x축의 숫자를 하나 결정하면 직선상에서의 위치가 결정된다. 말하자면 각각의 숫자는 직선상에서의 '주소'라 할 수 있다. 이 세상이 하나의 직선으로 이루어져 있다면(즉, 1차원의 세계라면) 좌표축 하나만으로 위치를 결정하기에 충분하다.

그러나 세계가 평면(2차원)이면 좌표축 하나만으로는 위치를 결정할 수 없다. 평면은 가로축의 '위'와 '아래'에 무한히 펼쳐지므로 가로축의 숫자 하나만으로는 어디에 점을 찍어야 할지 알 수 없기 때문이다.

그래서 원점과 수직으로 교차하는 y축을 긋고 '-5', '+2' 등 숫자를 정한다. 그러면 x축과 만나 주소를 나타내는 숫자가 두 개가 되므로 (+3, -5)나 (-7, +2) 지점에 점을 찍을 수 있다. **무한히 펼쳐지는 평면상의 위치를 숫자 두 개만으로 결정할 수 있어 매우 편리하다.**

우리가 사용하는 현실의 주소는 몇 동, 몇 호 등의 숫자와 행정 구역명 등 많은 정보를 조합해 만들었다. 하지만 지도 한 장 위에 위치를 특정하려면 눈금을 붙인 직교좌표를 그리기만 하면 충분하다. 실제로 지구상의 모든 장소는 '위도'와 '경도'라는 숫자 두 개만으로 나타낼 수 있다.

단, 엄밀히 말하면 **우리의 세계는 평면(2차원)이 아니라 입체(3차원)다.** '세로'와 '가로'에 더해 '높이'라는 방향이 있다. 그래서 주소 역시 평면상의 위치만을 지정해 보았자 빌딩이나 아파트의 '몇 층'인지는 알 수 없다. 3차원 공간에서 위치를 결정하려면 x축과도 y축과도, 원점에서 직교하는 z축이 필요하다. 세로, 가로, 높이의 세 가지 정보가 있으면 위치를 완전히 결정할 수 있다.

더 나아가 물리학에서는 3차원 공간에 '시간'이라는 차원을 더한 '4차원 시공'을 상정하고, '우주에는 11차원이 있다!'

라는 깜짝 놀랄 만한 가설도 있다고 한다. 그렇다면 좌표축을 어떻게 써야 좋을지 알 수 없다.

4차원 시공의 시간축은 3차원 공간을 나타내는 x축, y축, z축 모두와 직교할 것이다. 그러나 3차원 공간에 사는 우리가 4차원을 이미지화하는 것은 불가능하다. 그 때문에 4차원 시공을 다루는 상대성 이론 교과서에서는 편의상 x, y, z의 3차원을 가로축 하나로 모아서 나타내고, 가로축과 직교하는 시간축을 그어 '종이'라는 평면상에 우주를 담는다.

3차원에서도 직교하는 좌표축 세 개를 종이 위에 표현할 수는 없다(z축이 당신의 얼굴을 향해 뛰어드는 형태가 된다). 그러니 이 책에서도 기본적으로는 x축과 y축의 평면좌표를 어떻게 활용할지를 생각해 보자.

좌표축으로 나뉘는 '사분면'

"평면상의 위치를 두 가지 정보로 결정할 수 있다고 해서 내 일상에 무슨 도움이 된다는 거야?"라고 말하며 고개를 갸웃하는 사람도 있을 것이다. x축, y축, x축과 y축의 값을 나타내는 숫자들 모두 그저 추상적인 기호이므로 그 자체로는 딱히 의미가 없다. 그럼, 여기에 구체적인 의미를 부여해 보자.

예를 들어 x축을 '업무 능력'이라고 하자. 그리고 y축을 '의사소통 능력'이라 하자. x축은 오른쪽으로, y축은 위로 갈수록 '능력이 높음'을 의미한다. 이 좌표축을 종이에 적고 자신의 직장 상사나 동료가 어디에 위치하는지 점을 찍어 보자.

업무 실적이 좋고 주위 동료들과 원만한 관계를 유지하는

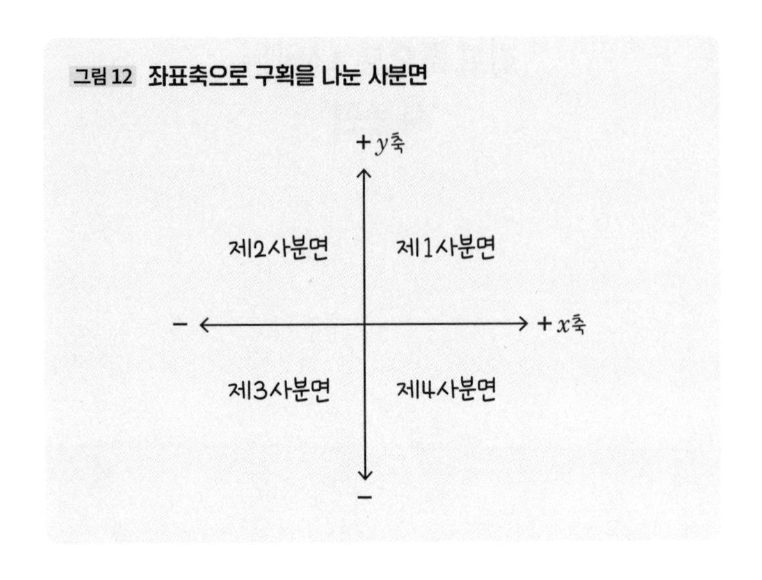

그림 12 좌표축으로 구획을 나눈 사분면

우수한 사원은 오른쪽 위의 영역에 넣는다. 실적은 좋지만 협조성이 부족한 독립적인 유형은 오른쪽 아래다. 업무 능력은 그저 그렇지만 의사소통 능력이 좋고 술자리에서 흥을 돋우는 데 능한 영업 부장 유형은 왼쪽 위, 업무 능력이 떨어지는 데다 협조성도 없는 민폐 사원은 왼쪽 아래 영역이다.

좌표축은 '위치'를 결정할 뿐만 아니라 이처럼 전체를 대략 네 가지 영역으로 나누어 볼 수 있다는 특징도 있다. 영역마다 명칭이 정해져 있어서 오른쪽 위(x와 y 모두 양수)를 **제1사분면,** 왼쪽 위(x는 음수이고 y는 양수)를 **제2사분면,** 왼쪽 아래(x와 y 모두 음수)를 **제3사분면,** 오른쪽 아래(x는 양수이고 y는 음수)를 **제4사분면**이라고 한다. 오른쪽 위부터 반시계 방향으로 순서가 정해져 있다(그림 12).

좌표축을 네 영역으로 나누어서 보면 막연하게 보이던 세상이 몰라볼 만큼 정리된다는 사실을 알 수 있다. 누구나 자신의 직장에 '여러 유형의 사람이 있다'고 느끼지만, '여러 유형'의 분포가 꼭 명확하지는 않다. 그러나 좌표축에 따라 유형별 위치를 결정하면 직장 전체를 '지도'의 한 종류로 볼 수가 있다.

회사 경영자나 인사 담당자라면 이러한 분포도에서 유용한 판단력을 얻을 수 있다. 업무 실적(x축)만을 인사 고과 기준으로 삼으면 직원들 간의 단합 분위기를 형성하여 회사에 공헌하는 사람이 제대로 평가받지 못한다. 그러나 또 다른 좌표축을 더해 보면, 보다 넓고 다각적인 시야로 사원을 평가할 수 있다.

이러한 **'다각적인 평가'**가 바로 문과생에게도 유용한 좌표축의 위력이다. x축과 y축 두 개를 '평가축'으로 사용하면 우리는 눈앞의 세계를 이해하기 쉬워지고, 여러 가지 일에 대해 보다 균형 잡히고 적절한 평가를 내릴 수 있다. 수학적 사고 덕분에 판단력이 높아진다.

'3점 슛 규칙'이라는 평가축이 낳은 슈퍼스타

좌표축으로 매사를 평가할 때 중요한 점은 **'어떤 평가축을 사용하느냐'**에 따라 세상이 달리 보인다는 것이다.

방금 전에 든 예에서는 y축을 '의사소통 능력'으로 삼았지만, 의사소통 능력 대신 '비용 절감 의식'으로 바꾸어 넣을 수도 있다. 매출은 최고 수준이라도 접대비를 지나치게 써 대는 비용 절감 의식이 낮은 사원은 제4사분면에 들어갈지도 모른다. 반면, 매출은 중상위지만 경비 삭감에 적극적인 사원은 제1사분면에 들어간다. y축을 의사소통 능력으로 설정한 분포도와는 전혀 다른 세계가 보일 것이다.

즉, **모든 일의 가치는 절대적이지 않으며 무엇을 평가축으로**

삼느냐에 따라 달라진다는 의미다.

여태껏 아무 가치도 없다고 치부되던 능력이 새로운 평가축을 적용하자 큰 가치가 생기는 일도 많다.

예를 들어 NBA(미국 프로 농구 리그)에 스테판 커리라는 뛰어난 선수가 있다. NBA 최고 수준인 커리의 연봉은 2021년 기준 약 4500만 달러다. 엄청난 연봉을 받는 만큼 농구 선수로서 '출중한 실력'을 갖추었다. 드리블, 패스, 디펜스 등 많은 좌표축에서 높은 평가를 받을 것이다.

그러나 그가 타의 추종을 불허하는 평가를 받는 항목은 단연 3점슛 실력이다. 도저히 슛이 들어갈 리 없어 보이는 위치에서도 던지는 족족 슛을 성공시키는 그는 NBA 사상 최고의 슈터라 불린다.

그러나 예전의 농구계였다면 3점슛 실력이 그리 높은 평가를 받지는 못했을지도 모른다. 왜냐하면 NBA에서 '3점슛 규칙'을 채택한 해는 1979년이기 때문이다. 그 전에는 슛을 골대 가까이에서 넣든 멀리서 넣든 상관없이 필드 골은 2점이었다. 물론 멀리서 골을 넣는 선수가 있으면 공격의 폭이 넓어지므로 멀리서도 슛을 잘 넣는 선수는 그 나름대로 높은 평가를 받았을 것이다.

하지만 어디서 넣든 똑같이 2점이라면 최대한 골대 가까이에서 슛을 하는 편이 성공 가능성이 높다.

골대 가까이에서 10번 중 8번의 슛을 성공시키는 선수가 멀리서 슛을 던져 10번 중 6번밖에 성공시키지 못하는 선수보다 득점력이 높기 때문이다.

그러나 '3점슛'이라는 평가축이 등장하면서 상황이 달라졌다. 10번 중 6번 골을 성공시키면 득점수는 18점이다. 골 결정율은 낮더라도 어려운 3점슛을 넣을 수 있는 선수가 팀의 승리에 더욱 기여한다. 규칙 변경이 없었다면 그는 NBA 최고의 고액 연봉 선수가 되지 못했을 수도 있다.

스포츠 세계에서는 3점슛 규칙 도입처럼 시합을 한층 흥미진진하게 만들기 위한 규칙 변경이 종종 이루어진다. 그때마다 평가축이 바뀌는 셈이기에 환영하는 선수도 있는가 하면, '망했다'라고 생각하는 선수도 있다.

축구를 예로 들면 전에는 골키퍼가 백 패스를 손으로 잡을 수 있었다. 그러나 규칙이 변경되면서 백 패스를 손으로 잡는 것이 금지되자 골키퍼라 해도 발 기술을 자유자재로 구사해야 시합에 뛸 수 있게 되었다. 지금까지는 불필요했던 현란한 발 기술의 보유 여부가 골키퍼의 평가축으로 새롭게 더해졌다.

유도 경기에서는 원래 '효과', '유효' 등으로 나누어 세세하게 점수를 매겼지만 지금은 '절반'과 '한판'만으로 점수를 매긴다. 역시 평가축이 크게 바뀌었다.

이전의 좌표축과 달리 현재의 좌표축으로는 사분면에 들어가는 선수의 분포가 꽤 바뀌지 않았을까?

'평가는 창조다'

니체는 《차라투스트라는 이렇게 말했다》에서 **'평가는 창조다'** 라고 말했다. 평가라 하면 보통, 앞서 창조된 예술 작품의 가치를 매기는 작업이다. 그러므로 창조된 무언가가 없다면 평가를 내릴 수 없다. 그러나 니체는 **평가로 인해 가치가 창조된다**고 생각했다. **평가하는 누군가의 눈이 있어야 가치가 생긴다**는 뜻이다.

프리드리히 니체
(1844~1900)
독일의 철학자. 실존 철학의 선구자.

조금 어려운 이야기이긴 하지만, 커리 선수의 예를 떠올려 보자. 3점

슛을 평가하는 눈(평가축)이 없다면 그의 가치는 생기지 않는다. 새로운 평가축이 그때까지 존재하지 않았던 가치를 창조했다. '슈퍼스타 커리 선수를 창조했다'라고 말해도 과언이 아니다.

한 발 더 나아가면 농구라는 경기가 하나의 거대한 평가축으로 설정되었다는 사실 자체가 슈퍼스타를 창조했다. 3점슛 규칙 이전에 농구공이 존재하지 않았다면 그가 1년에 4500만 달러가 넘는 수입을 올리는 스타가 되었을지 알 수 없다. 운동 신경이 좋으면 다른 스포츠에서도 활약할 수 있지 않을까 싶지만, 반드시 그렇다고는 단정할 수 없다.

덧붙이자면 일찍이 농구계의 슈퍼스타였던 마이클 조던 선수는 대단한 운동 능력의 소유자이면서도 수영을 못한다고 한다. 농구 선수 은퇴 후에는 메이저리그 야구에 도전했지만 야구계에서는 스타가 되지 못했다. 아마 커리 선수도 농구에 특화된 재능이 있었기 때문에 농구계에서 슈퍼스타가 될 수 있었던 것이 틀림없다.

그러고 보면 체조계의 슈퍼스타 우치무라 고헤이 선수는 농구를 아주 못한다고 들은 적이 있다. 철봉이나 도마에서 눈이 휘둥그레질 만큼 놀라운 퍼포먼스를 펼치는 모습을 보면 어떤 스포츠든 다 잘할 것 같지만, 공을 다루는 모습을 팬이 본다면 분명 실망스러운 수준이 아닐까 싶다. 세상에 체조라는 평가축이 존재했기 때문에 우치무라라는 스타가 창조되었다.

그러므로 **좌표축을 사용하여 매사를 판단하려면 자신이 준비한 평가축만으로 과연 충분할지 의심해 보아야 한다.** 현재의 평가축으로는 제3사분면에 들어가지만 지금까지 깨닫지 못했던 새로운 평가축을 도입하면 새로운 가치가 생겨 제2사분면이나 제1사분면에 들어갈지도 모른다.

한 가지 가치관에 얽매이지 않고 다각도로 평가하려면 다양한 평가축을 세울 수 있어야 한다.

예전의 아이돌과 현재의 아이돌은 평가축이 다르다

아이돌 가수에 대한 평가를 예로 들어 보자. 관심이 없는 사람은 모르겠지만 아이돌을 둘러싸고 세대 간 대립 양상을 보이는 일이 있다.

모닝구 무스메나 AKB48 등 아이돌 세계에서는 1990년대 후반 무렵부터 많은 멤버로 구성된 그룹이 인기를 모았다. 특히 AKB 그룹은 자매 그룹이 점점 늘어나서 구세대는 일일이 기억도 못할 정도다. 그리고 지금은 솔로로 노래하는 인기 아이돌을 거의 찾아볼 수 없다.

그런 점에서 야마구치 모모에, 마츠다 세이코, 나카모리 아키나 등 예전 아이돌의 전성기를 아는 세대는 뭔가 부족하다고 느낀다. "옛날 아이돌은 굉장했는데." 또는 "근데 요즘 아이돌은 영 별로야."라고 비판하며 AKB를 비롯한 현재의 아이돌 팬들과 대립한다.

그러나 애당초 평가축이 다르므로 '누가 더 나은지' 비교해 봐야 의미가 없다. 예전 아이돌은 개인의 외모와 가창력 등을 평가축으로 내세웠다. 개성이 강해야 많은 팬을 확보하고 살아남을 수 있었다.

반대로 현재의 아이돌 그룹은 집단의 매력을 내세운다. 물론 팬들은 저마다 '최애 멤버(가장 좋아하는 멤버)'가 있지만 그룹 내 멤버가 많기 때문에 '총선거' 같은 재미도 있다.

예전에는 개인의 가창력이 중요했으나 현재의 평가축은 그렇지 않다. 몇십 명이나 되는 멤버들 간의 미묘한 차이를 팬들이 알아보고 선택하는 것 자체를 즐기는 측면도 있으리라 생각한다.

이러한 요즘의 아이돌을 예전 좌표축으로 평가하면 상당수는 제2~4사분면에 들어갈지도 모른다. 하지만 그건 마이클 조던을 '수영'이라는 평가축, 우치무라 고헤이를 '농구'라는 평가축으로 평가하는 것이나 다름없다. 평가축을 잘못 세우면 엉뚱한 평가를 하게 된다.

자신의 평가축을 고집하는 것이 꼭 나쁘다고는 할 수 없다. 하지만 한 가지 가치관에 얽매이다 또 다른 재미를 놓친다면 아까운 일이다.

별 가치가 없다고 생각했던 것에서 새로운 가치를 발견해 내면 일상이 풍부해진다. '아이돌은 외모와 가창력이지' 하고 직관적으로 떠오르는 평가축과는 다른 축이 있다는 사실을 깨달으면 더 많은 즐거움을 누릴 수 있다.

'맛없고 지저분한 가게'가 제1사분면에 들어가는 좌표축도 있다

레스토랑이나 카페 등의 음식점도 마찬가지다. 음식점을 평가할 때 누구나 맨 처음 떠올리는 x축은 '음식 맛'이다. 맛 다음으로는 '가격'을 살펴본다. 가격이 싸야 높은 평가를 받으므로 y축은 '저렴함'으로 하는 편이 좋을지도 모른다.

이러한 좌표축에서는 '값이 싸고 맛있는 가게'가 제1사분면에 들어간다. 대체로 싸고 맛있는 가게를 '좋은 가게'라고 생각한다. 그러나 맛과 가격만이 음식점의 가치를 결정짓는 조건이라고 생각했다가는 평가를 그르칠 수 있다.

실제로 다른 사람에게서 "저 가게는 싸고 맛있어."라고 소개받은 가게에 가 보니 한눈에도 치안이 나빠 보이는 쓰레기 투성이 동네의 구석진 곳이었다든가, 목소리가 큰 단골이 버티고 있어서 식사하는 내내 불편했다든가, 가게 안이 불결했다든가 하는 사례가 드물지 않다. 그래서 음식 맛과 저렴함 이외의 평가축을 세우는 일이 중요하다.

카페를 예로 들면 가격은 어느 카페나 큰 차이가 없으므로 '저렴함' 대신 가게 안의 인테리어나 입지 같은 '세련된 분위기'를 y축으로 삼아 보자. 그러면 '음식 맛과 저렴함' 좌표축으로는 제1사분면에 들어갔던 가게가 제2사분면으로 옮겨 갈지도 모른다.

그 외에도 식당을 평가하는 여러 가지 축을 생각해 볼 수 있다. 제공하는 음식과 점포가 식당의 전부는 아니다. 서비스를 제공하는 주인과 종업원도 있다. 손님 입장에서는 당연히 불친절한 가게는 피하고 싶다. 주인과 나누는 소통도 즐거움 중 하나이기 때문이다. 음식 맛은 둘째 치고 식당 주인을 만나고 싶어서 찾아가는 일도 있다.

그러므로 y축을 아까의 '세련된 분위기'에서 '고객 응대'로 바꿔 보자. 그러면 조금 전에는 제2사분면에 들어갔던 동네의 한구석에 있는 초라하고 지저분한 가게가 제1사분면으로 이동한다.

그리고 x축을 '음식 맛'에서 '저렴함'으로 바꾸면 분포는 또다시 크게 바뀐다. 맛없고 지저분한 가게라도 이 좌표축에서는 제1사분면에 들어갈 기회가 있다. 다각적인 평가축은 가게를 경영하는 사람에게도 많은 힌트를 준다.

어떻게 해야 제3사분면에서 제1사분면으로 갈 수 있을까?

좌표축의 설정을 바꾸면 평가가 단숨에 역전될 가능성이 있다는 점을 이제 알았을 것이다. 이를 여러 가지 일에 응용할 수 있다. 예를 들어 직업 선택은 자신의 인생을 '창조'하는 데 매우 중요한 요소다. 직업을 선택할 때도 좌표축을 유용하게 쓸 수 있다.

나는 지금은 이렇게 대학에 자리를 잡아 제법 의젓한 척하며 일하고 있지만, 젊을 때는 어디 내놓아도 손색이 없는 사회인이 될 수 있을지 불안했다.

고등학생이나 대학생은 사회인이라는 단어에서 제일 먼저 회사원을 떠올린다. 주변에 있는 사회인 중 많은 수가 회사원이니까 자신도 언젠가 어떤 회사에든 들어가 일하게 될 것이라 생각한다. 어느 업계에서 일할지는 제쳐두고 일단 회사원이라는 틀 안에서 장래를 상상한다.

어엿한 회사원으로 살아간다 치면 나는 어떤 평가축에 놓일까? 나는 무엇보다 '매일 아침 제때 일어나 출근하는' 것이 두려웠다. 다들 매일 숨 쉬듯이 하는 일이므로 시간에 맞춰 출퇴근하는 것을 평가축으로 고려하지 않을 수 있다. 그러나 나는 아침에 눈꺼풀을 들어 올리질 못하는 편이라 '일찍 기상하기 축'의 평가는 마이너스일 것이 뻔했다.

그 밖에 회사원이 적성에 맞는지 평가하는 축으로 '다른 사람에게 90도로 머리를 숙일 수 있는가'라는 평가축도 있을 것이다. 학창 시절 동급생 중 은행에 취직한 친구가 여럿 있는데 은행원에게는 장부를 계산할 때 마지막 동전 하나까지 정확히 맞추는 능력(?)도 요구된다.

그 외에도 다양한 축이 있겠지만, 회사원으로서 당당히 살아갈 수 있을 듯한 주위의 친구들에 비해 나는 어떤 평가축이든 마이너스 점수밖에 받지 못하겠구나 싶었다. 어떤 좌표축으로 평가하든 회사원으로서는 '제3사분면에 속하는 사람'이 되지 않을까 생각했다.

그렇다면 회사원과는 좌표축이 다른 직업을 택할 수밖에 없다.

지금까지 이야기했듯이 **x축이나 y축의 평가 기준을 바꿔 넣으면 평가 대상이 속하는 사분면이 바뀐다.**

단, 제3사분면에서 '원점 대칭'인 제1사분면으로 뛰어오르기는 쉽지 않다. 제2사분면이나 제4사분면에서는 x축이나 y축 둘 중 하나의 기준을 바꾸면 제1사분면으로 옮겨 갈 가능성이 있다. 그에 반해 평가 대상을 제3사분면에서 제1사분면으로 이동시키려면 두 축의 평가 기준을 모두 바꿔 넣어야 한다. 요컨대 **'완전히 다른 좌표평면'**을 기준으로 직업을 선택해야 한다.

이는 좌표축 사고를 단련하기 위한 훈련으로 상당히 좋은 문제다. 앞서 든 예를 사용하면 '음식 맛·저렴함' 좌표축에서는 제3사분면에 들어가는 식당을 제1사분면으로 옮기려면 어떤 좌표축을 써야 할지, x축과 y축에 무엇을 넣으면 좋을지 생각해 본다.

나는 회사원 축은 대부분 마이너스지만 '한밤중에도 집중해서 머리를 쓸 수 있다'든가 '혼자 골똘히 관심 있는 분야에 대해 생각한다'와 같은 평가축이라면 플러스 점수를 받을 자신이 있었다. 이외에도 플러스 평가를 받을 수 있을 만한 축을 생각해 보니, 제1사분면에 넣을 수 있는 직업은 한 가지나 다름없었다. 바로 '학자'였다.

하지만 언제 학자가 될지는 모른다. 대학원을 나온다고 해서 번듯하게 학자로서 수입을 얻을 수 있는 것도 아니고 기껏해야 '자칭 학자'가 될 뿐이다. 그런 의미에서는 '어엿한 사회인이 될 수 있을 때까지 참을성 있게 기다린다'라는 평가축에서도 플러스 점수를 받아야 학자가 될 수 있다.

실제로 서른네 살에 대학의 전임 교수 자리를 얻을 때까지는 앞서 이야기했듯 우여곡절이 있었다. 그러나 결과적으로 나에게 맞는 좌표축을 발견하여 어떻게든 인생의 가치를 창조할 수 있었다.

늘 'x축'과 'y축'을 염두에 두자

내가 선택한 학문의 세계에서도 좌표축 사고는 연구 대상을 정리하고 생각하는 데 큰 도움이 된다.

예를 들어 문학사든 미술사든, 여러 작가나 화가를 시계열로 늘어놓기만 해서는 그 본질을 파악하기에 부족하다. 물론 시계열이라는 축만으로도 어떠한 질적 평가를 내릴 수는 있다.

일본 문학을 예로 들면 '상대上代 문학', '중고中古 문학', '중세中世 문학', '근세近世 문학', '근현대 문학'으로 시대를 구분하며 시대별로 공통적인 특징을 찾을 수 있다.

그러나 문학에는 시대성만으로 묶을 수 없는 특징이 얼마든지 있다. 예를 들어 동시대에 쓰인 《마쿠라노소시》枕草子와 《겐지모노가타리》源氏物語, 《쓰레즈레구사》徒然草와 《헤이케모노가타리》는 문학 장르도 다루는 주제도 전혀 다르다. '수필'을 평가축으로 하면 시인 세이 쇼나곤과 작가 겐코 법사는 같은 사분면에 들어간다.

똑같이 소설 장르에 포함되는 작품이라도 제재나 상황 설정 등은 시대와 큰 관계가 없다.

예를 들어 '에로티시즘'이라는 평가축을 설정하면 헤이안 시대 중기에 활약한 작가 무라사키 시키부와 일본 근대 소설가 다니자키 준이치로가 시대를 넘어 같은 사분면에 들어갈 가능성이 있다.

혹은 이런 발상은 어떨까? '에도 시대의 시인 마쓰오 바쇼와 무라카미 하루키를 둘 다 제1사분면에 넣으려면 x축과 y축을 무엇으로 하면 좋을까?'와 같은 생각을 하는 것도 문학 연구로서는 재미있을지도 모른다.

개별 작가와 작품을 깊이 있게 읽어야 답을 발견할 수 있고, 그래야 작품에서 또 다른 의미와 가치를 찾아낼 수 있다. 말 그대로 '평가는 창조'다.

이러한 좌표축 사용법은 전문 연구자에게만 유효한 것은 아니다. 중학생이나 고등학생에게 문학사를 가르칠 때도 다양한 좌표축으로 정리해 주면 학생들이 잘 이해할 수 있다. 학교 현장의 선생님에게서 그런 이야기를 들은 적이 있다.

어떤 과목에서든 좌표축을 응용할 수 있다. 세계사라면 다양한 시대에 지역 곳곳마다 등장하는 지배자들을 행동 패턴이나 업적, 성격 등의 좌표축으로 정리할 수 있다.

좌표축을 보면 '인류 역사에는 시대나 지역을 넘어 비슷한 유형의 인물이 등장한다'는 사실을 알 수 있고, 각 인물의 업적에 대한 이해가 깊어질 것이다.

사분면 네 곳에 배치한 역사적 인물을 몇 사람 보여 주고 '이 x축과 y축의 평가축이 무엇인지 서술하시오'라는 시험 문제를 내는 것도 재미있을 듯하다. 여기에 답하려면 깊게 파고들며 공부해야 한다.

이처럼 **좌표축 사고는 세상일을 여러 각도에서 비추고, 다양한 실상을 분명하게 드러내어 우리의 이해를 돕는 데 유용하다.**

문학과 세계사의 예로 알 수 있듯이 수학은 문과와도 긴밀한 관계를 맺고 있다. 일상생활이나 평상시 업무에도 응용할 수 있다. 앞으로는 늘 머릿속에 x축과 y축을 놓고 세상을 보도록 하자. 세상의 다양한 일을 통해 지금까지 깨닫지 못했던 가치와 의미가 보일 것이다.

Check Point!

좌표축 사고의 포인트

- 직교좌표의 개념을 확립한 사람은 데카르트다!
- '평가는 창조다'(니체). 누군가가 평가를 한 덕분에 가치가 생겨난다!
- 매사를 판단할 때는 자신의 평가축을 의심하는 자세도 중요하다!
- 평가축을 바꾸면 제3사분면에서 제1사분면으로 점프하기도 한다!

제4장

확률

무모한 선택을 막고
도전할 용기를 갖기 위해

문과생도 이미 사용하는 수학적 사고

수학을 멀리하는 문과생이라도 중학교나 고등학교에서 배운 내용을 일상생활에서 조금은 사용한다. 미분이나 함수에는 치를 떠는 사람이라 할지라도 그다지 거부감 없이 익숙하게 사용하는 수학적 사고법이 있다.

예를 들어 야구를 좋아하는 사람이라면 선수의 타율이나 방어율, 응원하는 팀의 승률 같은 숫자에 늘 신경을 쓴다. 테니스라면 퍼스트 서브 성공률, 농구라면 자유투 성공률 등 많은 스포츠는 '율'을 빼놓고 이야기할 수 없다. 그 숫자를 보면서 다음 시합을 예상하고 승인이나 패인을 분석하는 것이 스포츠를 좋아하는 사람의 일상이다.

더욱 많은 사람들이 일상적으로 접하는 숫자는 일기 예보다. 매일 '오늘은 비가 올 확률이 20퍼센트다', '내일은 80퍼센트다' 같은 강수 확률을 보고 우산을 가져갈지 말지를 판단한다. 강수 확률을 보고 들으면서 '난 숫자에는 젬병이라' 하며 꽁무니를 빼는 사람은 없다.

그렇다. 이미 알아챘겠지만 **'확률'**이라는 개념을 전혀 사용하지 않고 생활하는 사람은 없다. 중학교에서 확률을 배웠던 사실을 잊어버려 확률을 '수학'의 사고법이라고 생각하지 않는 사람도 있겠지만, 확률도 엄연히 수학이다. 그런 의미에서는 문과생도 모두 '수학적인 사고'를 하고 있다.

하지만 확률을 충분히 활용하고 있는가는 별개의 이야기다. 평소에 '확률이 몇 퍼센트다'라는 표현에 익숙하다고 해서 확률의 개념을 일상생활에 유용하게 활용하고 있다고 할 수 없다.

단순한 확률의 계산법을 모르는 사람은 별로 없다. 야구에서 타율을 구하려면 안타수를 타수로 나눈다. 서브 성공률을 구하려면 들어간 서브의 개수를 친 서브의 개수로 나누면 답이 나온다. 일반적인 수학 용어로 말하면 다음과 같다.

어떤 조건이 일어날 '경우의 수' ÷ 모든 '경우의 수'

이와 같이 표현할 수 있지만 잊어버려도 좋다. 중학교에서 배웠을 이 공식을 기억하지 못한다 해도 단순한 확률은 계산할 수 있을 만큼 우리는 확률의 사고법에 익숙하다.

그럼 여기서 문제 하나를 내겠다. 주사위를 던졌을 때 눈이 '1'이 나올 확률은 얼마일까?

답은 간단하다. 주사위의 모든 '경우의 수'는 6이다. 그중 1이 나올 경우의 수는 한 가지이므로 확률은 **6분의 1**이다. 짝수가 나올 확률을 구한다면 짝수가 나올 경우의 수는 2, 4, 6 세 가지이므로 **6분의 3**이다. 여기까지는 누구나 이해할 수 있다.

그렇다면 다음 문제다. 방금 주사위를 던졌더니 1이 나왔다. 다시 주사위를 던졌을 때 1이 나올 확률은 얼마일까? 여기서 '끄응' 하고 머리를 감싸는 문과생이 많다. '두 번 연속해서 같은 눈이 나올 확률은 첫 번째보다 낮지 않을까? 그런데 어떻게 계산해야 되지?' 하면서 끙끙 앓는다.

하지만 답은 역시 **6분의 1**이다. 앞에서 나온 눈이 다음에 나올 눈의 확률에 영향을 미치지 않는다. 주사위에서 특정 눈이 나올 확률은 항상 6분의 1이다.

그림 13 주사위의 확률

주사위에서 1이 나올 확률	$1 \div 6 = \frac{1}{6}$
주사위에서 짝수가 나올 확률	$3 \div 6 = \frac{3}{6}$
두 번 연속 1이 나올 확률	$1 \div (6 \times 6) = \frac{1}{36}$

물론 '주사위를 두 번 던졌을 때 연속해서 1이 나올 확률은?'이라는 문제라면, 경우의 수가 바뀌므로 계산법이 달라진다. 이 문제는 '주사위 두 개를 동시에 던졌을 때 둘 다 1이 나올 확률'과 같은 문제다. 모든 경우의 수는 6×6 =36개, 그중 1과 1이 나올 경우의 수는 한 가지이므로 답은 **36분의 1**이다(그림 13).

이 부분을 명확하게 이해하지 못하면 주사위의 눈을 맞히는 게임을 했을 때 이기기 어렵다.

주사위 두 개의 합계를 맞힌다고 치면, 합계가 2가 나오는 경우는 '1과 1'이 나오는 경우밖에 없으므로 확률이 낮다. 하지만 합계가 6이 나오는 경우는 '1과 5', '2와 4', '3과 3'이 있으므로 확률이 높아진다. 나는 초등학생 때 주사위의 확률을 전부 표로 만든 적이 있는데, 즐겁게 작업했던 기억이 난다.

미래를 예측하고 자신의 행동을 결정할 때, 확률의 사고법을 아느냐 모르느냐에 따라 차이가 생긴다.

주사위의
'기댓값'은?

확률적 사고법과 관련해 먼저 문과생이 배워 두었으면 하는 개념이 **'기댓값'**이다. 기댓값도 일상에서 자주 쓰는 말이다. 단어의 의미를 보면 말 그대로 '기대할 수 있는 값'이라는 뜻이므로 "그건 기댓값이 낮으니까 그만둘래."라는 말을 듣고 당황하는 사람은 없다.

하지만 기댓값의 수학적 의미를 제대로 이해하고 사용하는 사람은 많지 않을 터다. 단순히 '가능성이 높다, 낮다' 정도의 뉘앙스로 기댓값이라는 말을 입에 올리는 사람이 많다. 적어도 기댓값을 계산하는 방법을 아는 문과생은 거의 없을 것이다.

그림 14 주사위를 한 번 던졌을 때의 기댓값

$$1 \times \frac{1}{6} + 2 \times \frac{1}{6} + 3 \times \frac{1}{6}$$
$$+ 4 \times \frac{1}{6} + 5 \times \frac{1}{6} + 6 \times \frac{1}{6}$$
$$= \frac{1}{6}(1 + 2 + 3 + 4 + 5 + 6)$$
$$= \frac{7}{2}$$
$$= 3.5$$

그렇다면 수학에서 말하는 기댓값이란 무엇일까? 기댓값은 **'일어날 가능성이 있는 값의 평균값'**이다. 지금까지 "그건 기댓값이 낮아."라는 말을 쉽게 뱉던 사람은 기댓값의 정의를 듣고 식은땀이 날 것이다. 주사위의 눈이 1이 나올 확률은 '6분의 1'이라고 바로 대답할 수 있었던 사람이라도 "주사위를 한 번 던졌을 때 나오는 눈의 기댓값은?"이라는 질문을 받으면, 역시 '끙' 하고 머리를 감싸 쥘지도 모른다.

그러나 기댓값의 계산 자체는 별로 어렵지 않다. **일어날 가능성이 있는 값에 각각의 확률을 곱해서 모두 더하면 된다.** 단, 계산하기 어렵지는 않아도 직접 손을 움직여 계산하기는 조금 번거롭다. 어렵지는 않지만 귀찮다고나 할까. 주사위를 던졌을 때 '나올 가능성이 있는 눈의 값'은 1, 2, 3, 4, 5, 6이다. 각각의 눈이 나올 확률은 모두 6분의 1이므로 기댓값을 구하는 식은 앞서 제시한 것과 같다(그림 14). 이 책에 등장하는 가장 긴 수식이다.

그런 이유로 **주사위를 한 번 던졌을 때의 기댓값은 3.5다.** 주사위의 눈 자체는 그저 기호이므로 '값'이라고 부를 수 있을 만한 의미는 없지만, '나온 눈의 1000배의 금액을 받는' 게임이라 치면 기댓값은 3500엔이 된다. 참가비로 5000엔을 내야 한다면 도전자가 적을 테지만 참가비가 3000엔이라면 '도전해 볼까?' 싶은 사람이 많을지도 모른다(최소한 1은 반드시 나오므로 참가비가 1000엔 이하인데 도전하지 않을 사람은 없다).

룰렛에서 짝수가 나올 확률은 50퍼센트 미만

주사위의 눈은 1부터 6까지이므로 기댓값이 3과 4의 중간 값이 되리란 점은 굳이 계산하지 않아도 어림잡을 수 있다.

그럼 카지노의 룰렛 게임은 어떨까?

룰렛에도 여러 종류가 있는데, 미국식 룰렛은 원반에 숫자 서른여덟 개를 무작위로 늘어놓은 것이 기본형이다. 다만 룰렛에 표시된 숫자는 1부터 38까지가 아니다. 돈을 걸 수 있는 숫자는 1~36이고, 그 외에 숫자 0과 00이 있다.

각 숫자의 배경색은 빨강과 검정이 번갈아 배치되어 있는데 0과 00은 녹색이다. '빨강 아니면 검정'에 걸었을 때뿐만

이 아니라 '짝수 아니면 홀수'에 거는 경우라도 0과 00에 공이 멈추었을 때는 딜러가 모두 가져간다. 수학적으로 0은 짝수지만 룰렛에서는 짝수도 홀수도 아닌 것으로 친다.

따라서 '빨강 아니면 검정'에 걸든 '짝수 아니면 홀수'에 걸든 맞힐 확률은 50퍼센트가 되지 않는다. 빨강, 검정, 짝수, 홀수는 각각 열여덟 개씩 있고 '모든 경우의 수'는 서른여덟 가지니 **확률은 38분의 18(약 47.3퍼센트)이다.** 50퍼센트보다 조금 낮다.

가령 '짝수와 홀수'나 '빨강과 검정' 양쪽 모두에 걸더라도 판돈을 다 돌려받지 못할 수도 있다. 판돈을 모두 돌려받을 **기댓값은 0.947배다.** 밑돈 1000엔을 빨강과 검정에 각각 500엔씩 건다 해도 녹색 칸에 공이 들어갈 가능성이 있으므로 돌려받을 금액의 기댓값은 947엔밖에 되지 않는다.

딜러가 반드시 돈을 버는 구조여야 카지노 자체가 성립하므로 이런 식의 확률 설계는 당연하다면 당연할지도 모른다.

그럼 다른 질문을 해보자. 원금 900달러로 시작한 사람이 1달러씩 '짝수 아니면 홀수' 중 한쪽에 계속 돈을 걸어서 900달러를 1000달러까지 늘릴 확률이 얼마일지 짐작이 가는가? 통상 10만 명 중 3명도 되지 않는다고 한다.

앞서 살펴본 내용으로 알 수 있듯이 '투자'로서는 위험 부담이 너무 크니 룰렛에 쏟아 부은 돈은 '카지노를 즐기기 위한 참가비' 정도로 생각하는 편이 좋을 듯하다.

기댓값은 '무모한 선택'을 막아 준다

카지노보다 많은 사람에게 익숙한 복권도 마찬가지다.

예를 들어 2019년 한 장에 300엔 하는 드림점보복권의 발행 총수는 1억 3000만 장이었다. 그중 당첨 금액이 3억 엔인 1등은 열세 개. 기댓값을 계산하면 30엔이라고 한다. 1등부터 7등(300엔)까지를 합한 상금 총액은 194억 9870만 엔이고 매상 총액(300엔×1억 3000만 장)은 390억 엔이다. 반 이상이 주최자의 몫이 되므로, **한 장당 기댓값도 149.99엔으로 300엔의 절반 이하다.**

복권 구입 금액 역시, 복권 구입 후 당첨 발표일까지 큰 '드림'을 꾸기 위한 참가비라고 생각하는 편이 좋다. 한 장보다

열 장, 열 장보다 백 장을 사면 좀 더 달콤한 꿈을 꿀 수 있을지도 모르지만, 그 기댓값은 사람마다 천차만별일 것이다.

어감상 '기댓값'은 우리의 기대감을 높여 주는 단어처럼 여겨진다. 하지만 실제로는 오히려 **'기대만 부풀리지 말고 제대로 현실을 보라'**라고 꾸짖는 말이다. 복권 판매소 앞에서 '3억엔에 당첨될지도 몰라!'라며 들떴다가도 기댓값을 알면 냉정해질 수 있다.

물론 세상에는 기댓값이 높게 나오는 일도 있지만, 그런 것은 대개 '높을 만해서' 높게 나오므로 가슴이 두근대지 않는다. 얄궂게도 '기댓값'이 높더라도 '기대'는 딱히 높아지지 않는다.

인생에는 꿈이나 희망도 필요하지만 꿈만 좇다가는 현실적인 판단을 할 수 없다. '언젠가 꼭 아이돌과 결혼하겠어!', '반드시 프로 야구 선수가 될 거야!'라는 의욕을 불태우는 것은 나쁘지 않지만, 확률적으로 실현 가능성이 매우 낮다는 사실은 알기를 바란다.

실제로 인기 아이돌과 친분이 생길 확률은 낮고, 고교 야구에서 전국 대회에 출전하기 위한 경쟁률만 해도 상당히 치열하다.

아이돌과 결혼하거나 프로 선수가 될 기댓값은 복권 당첨만큼 낮을지도 모른다. 그렇다면 **꿈은 꿈으로서 소중히 간직하는 한편, 자신의 역량에 맞는 현실적인 목표를 설정하는 편이 인생을 풍요롭게 하는 길이다.** 이런 말을 하면 기댓값은 '용기 있게 도전하는 사람'을 부정하는 도구처럼 생각될지도 모른다. 하지만 그런 의미가 아니다. 기댓값은 '무모한 선택'을 막아 준다는 뜻이다.

'여사건'이란 무엇일까?

확률의 세계에는 우리를 긍정적으로 만들어 주는 개념도 있다. 바로 **'여사건'**이다. 기댓값에 비해 훨씬 낯선 단어다. **어떤 확률에서 또 다른 확률을 뺀 '나머지 사건'**을 의미하는데, 이 정의만으로는 무슨 의미인지 알 수 없을 테니 대학 입시를 예로 들어 설명하겠다.

수험생은 실제 시험을 치르기 전에 모의시험을 여러 번 보고 지망 학교의 합격률을 체크한다. 합격률 판정은 흔히 A판정(합격률 80퍼센트 이상)부터 E판정(합격률 20퍼센트 미만)까지 5단계로 평가한다.

수험생들은 모두 제1지망부터 하향 안전 지원까지(혹은 떨어질 것을 알면서도 기념 삼아 지원하는 최상위권 학교도 포함해) 여러 대학을 판정 대상으로 기입하므로 판정 결과가 들쑥날쑥하다.

여기서 알고자 하는 것은 각 대학의 합격률만이 아니다. 특히 '막다른 곳에 몰린' 재수생이라면 '어디든 한 군데만이라도 합격할 확률'이 얼마인지 궁금할 것이다. 요즘은 재수생을 기피하는 풍조가 옛날보다 심해져서 현역 고3이라 해도 대학 합격률에 촉각을 곤두세우는 사람이 많지 않을까 싶다.

예를 들면 한 수험생이 A대학부터 F대학까지 여섯 학교에 순서대로 시험 칠 예정이라고 하자. 모의시험에서 판정한 대학별 합격률은 다음과 같다.

A대	B대	C대	D대	E대	F대
50%	30%	20%	20%	10%	10%

합격할 확률이 50퍼센트인 대학이 하나 있을 뿐이고, 다른 대학은 전부 10~30퍼센트로 확률이 낮다. '어디든 한 군데만이라도 합격하길' 바라는 재수생으로서는 좌불안석일 수밖에 없는 숫자다.

그럼 이 수험생이 '적어도 대학 한 곳에는 합격할 확률'은 얼마일까? 무작정 계산하려 들면 꽤 번거롭다. '무작정 계산하는' 방법이란 A대부터 순서대로 한 대학에만 합격할 확률을 구한 다음, 구한 확률들을 더하는 방법이다. 그러려면 다음과 같이 세세하게 구간을 나눠서 계산해 나가야만 한다.

먼저, 첫 번째로 시험을 치르는 A대에 합격할 확률은 단순히 50퍼센트이므로 간단하다. 그럼 A대에 떨어지고 B대에 붙을 확률은 어떻게 구할까? A대에 떨어질 확률(100퍼센트-50퍼센트=50퍼센트)과 B대 합격률(30퍼센트)을 곱하면 된다.

그리고 A대와 B대에 떨어지고 C대에 합격할 확률은 'A대에 떨어질 확률×B대에 떨어질 확률×C대 합격률'이다. 네 번째인 D대에 합격할 확률은…. 이런 순서로 차례차례 계산하고, 다섯 개 학교에 떨어지고 마지막 F대에 합격할 확률은 'A대에 떨어질 확률×B대에 떨어질 확률×C대에 떨어질 확률×D대에 떨어질 확률×E대에 떨어질 확률×F대 합격률'로 계산하면 된다. 이렇게 손이 많이 가는 계산을 해서 구한 확률 여섯 가지를 전부 더해야 한다. 귀찮을 뿐만 아니라 계산 실수를 할 위험도 높다.

여기서 '여사건'이 등장할 차례다. **구하고자 하는 것은 '적어도 대학 한 군데에 합격할 확률'이지만, 여기서는 거꾸로 '모든**

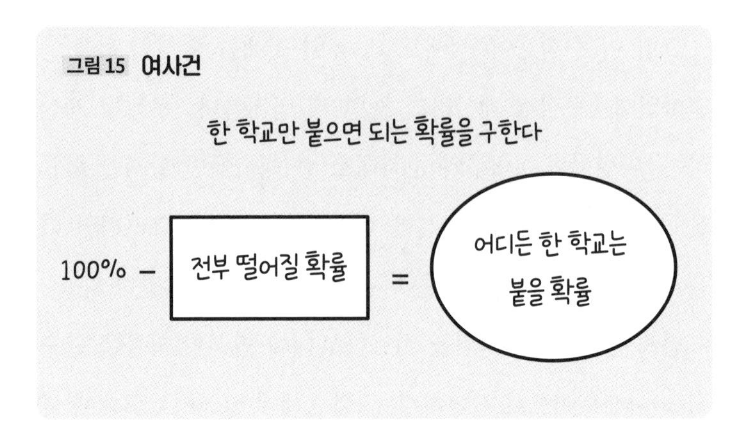

그림 15 여사건

대학에 떨어질 확률'이 얼마인지를 따져 본다(그림 15). 수험생으로서는 생각조차 하기 싫은 사태겠지만 앞서 한 계산보다 훨씬 간단하다.

A대부터 F대까지 여섯 학교의 '불합격률'을 다음과 같이 서로 곱하기만 하면 된다.

50% × 70% × 80% × 80% × 90% × 90%

숫자가 커져서 불안할지도 모른다. 하지만 소수로 변환하여 계산하면 '0.5 ×0.7 ⋯.'이 되므로 곱할수록 숫자가 작아진다. 전자계산기를 탁탁 두드리면 답은 0.18이다. 즉, 안타깝게도 대학 여섯 군데에 전부 떨어질 확률은 불과 18퍼센트다.

바꿔 말하면 적어도 대학 한 곳에 합격할 확률은 '100퍼센트-18퍼센트'로 82퍼센트다.

대학별 합격률은 A대의 50퍼센트가 최대인데 '어디든 한 곳'에 합격할 확률은 80퍼센트가 넘는다. 어떤가? 긍정적인 마음가짐으로 바뀌지 않는가? 적어도 불안해서 공부가 손에 잡히지 않는 사태는 피할 수 있다. 그리고 실제 시험에서는 확률을 잊고 최선을 다하면 된다.

'무모'와 '무난'의 전환

기댓값은 '냉정해질 수밖에 없는 현실'을 마주보게 해주었다. 그에 반해 **여사건은 '용기가 솟는 현실'을 가르쳐 준다.**

어느 쪽이든 '현실'을 똑바로 보는 것이 중요하다. 현실에서 눈을 돌린 채 무한정 의욕만 부풀려도 안 되고, 현실을 알지 못한 채 불안에 쫓겨 움츠러들어서도 안 된다. '공격'을 하든 '수비'를 하든, 현실을 바탕으로 올바르게 공격하고 올바르게 수비하며 현명하게 살아가야 한다. 확률 사고는 그런 삶의 태도에 도움이 된다.

확률 사고법을 갖추면 무언가에 도전할 때 시간이나 에너지 배분에 낭비가 없어진다. 확률이 낮은 목표를 달성하려면 큰 에너지를 투입해야 한다. '아이돌과 친해지겠다'는 목표를 세울 수야 있지만, 그 목표를 실현하려면 상당한 노력이 필요하다.

그러나 실현될 확률이 낮은 일에 매달릴 시간은 없다. 마냥 매달리는 동안 에너지가 소모될 테고, 확률이 높은(친한 사이가 되기 쉬운) 상대와 만날 기회를 놓칠 우려도 있다.

내가 가르치는 한 학생은 유명 아이돌 그룹의 팬이었다가 인디 아이돌로 대상을 바꾸고는 "가까이에서 지켜볼 수 있어 좋아요."라고 말했다.

프로 야구 선수가 된다는 목표도 마찬가지다. 어렸을 때는 프로 선수를 목표로 열심히 노력하겠다는 꿈을 부정해서는 안 된다. 그러나 능력에 한계를 느꼈다면 포기할 줄도 알아야 한다. 한없이 큰 꿈만 좇다 보면 자신의 능력을 충분히 살릴 수 있는 다른 직업으로 전환할 타이밍을 놓치고 만다.

물론 도전조차 해보지 않고 처음부터 확률이 높은 안전한 길만 선택하는 것도 좋지 않다. 어느 정도 '무모한 길'에 도전해 본 다음에 '무난한 길'로 나아가도 늦지 않다. **확률 사고를 하면 그 타이밍을 간파할 수 있다.**

확률이 낮은 무모한 목표는 먼저 시험해 보고 나서 어렵겠다 싶으면 빨리 단념하고, 확률이 높은 무난한 목표는 '아직

늦지 않았어' 하는 아슬아슬한 시기까지 뒤로 미룬다. **이것이 확률 사고를 통한 인생의 기본 전략이다.**

Check Point!

확률 사고의 포인트

- 미래를 예측하여 행동을 결정하려면 확률 사고가 필요하다!
- '기댓값'은 '무모한 선택'을 막아 준다(카지노나 복권 당첨은 기댓값이 낮다)!
- '여사건'은 '용기가 솟는 현실'을 발견하게 해 준다(뭐든 하나라도 잘될 확률은 의외로 높다)!

제5장

집합

뒤죽박죽인 머릿속을 깔끔하게 정리한다

수학을 이해하려면 국어가, 국어를 이해하려면 수학이 필요하다

수학과 국어는 서로 물과 기름이라고 한다. 문과가 질색하는 대표적인 과목이 수학이라면, 이과는 국어를 꼽는 사람이 많다. 특히 '작가가 어떤 마음일지 다음 보기에서 고르시오' 같은 국어 문제는 이과생에게 미움을 사기 십상이다. '그런 건 논리적으로 딱 부러지게 증명할 수 없잖아'라고 느낄지도 모른다.

'사람의 마음'을 고르라는 문제는 이과와 상성이 맞지 않는 면이 분명 있다. 하지만 국어에도 논리성이 중요한 면이 많다. 오히려 '국어 실력'에서 논리성이 가장 중요하다고까지 말할 수 있다. 그렇기에 국어는 문과·이과를 불문하고 모든 교과를 배우는 데 기본이 되는 과목이다.

서술형 문제를 이해하는 데도 국어 실력이 필요하고, 수식도 일종의 '언어'이므로 논리적으로 문장을 이해하는 능력이 없으면 바르게 사용할 수 없다. 이과 역시 국어를 공부할 필요가 있다.

반대도 똑같이 적용된다. '수학을 기피하는' 문과생이라 해서 반드시 국어를 잘 한다고는 단정할 수 없다. 논리적으로 문장을 읽고 쓰는 데는 수학적 감각도 요구된다. 이과생보다는 국어 실력이 앞선다고 생각하는 문과생 중에는 수학적 감각이 약한 탓에 국어를 어색하게 구사하는 사람도 분명 있을 것이다.

그래서 **국어 실력을 기르는 데 도움이 되는 수학적 사고법**을 하나 알려 주려 한다. **국어 이해력이라는 차원에서 예전부터 나는 '또는'과 '또한'을 모호하게 사용하는 사람이 종종 눈에 띈다는 사실이 마음에 걸렸다.** 예를 들어 '18세 미만 또는 고등학생'과 '18세 미만 또한 고등학생'이라는 두 가지 조건 중, 어느 쪽에 해당하는 사람이 많을지 금방 알겠는가? 그다지 어려운 이야기가 아닌데도 곧장 대답을 하지 못하고 잠시 생각하고 나서야 답을 내놓는 사람이 많다.

영어로 **'또는'은 'or', '또한'은 'and'다.** 단어 뜻을 착각하면 업무로 사람을 만날 때 일정 조율에 생각지 못한 실수가 발생할 수 있다. '오후 2시 이후 또는 토요일'과 '오후 2시 이후 또한 토요일'은 후보에 오르는 선택지의 숫자가 천지 차이다. 후자를 무심코 전자의 의미로 받아들였다가는 "그럼 목요일 오후 3시 이후로 부탁드려요."라는 종잡을 수 없는 대답을 해서 상대방을 곤란하게 만드는 바람에, 여러 번 되물어 가며 이중으로 메일을 교환하는 일이 벌어진다.

독자 중에는 지금 '내가 그런 착각을 할 리가 없어'라며 코웃음 치는 사람이 있을지 모른다. 그럼 이런 문장은 어떨까?

> *그 표현 내용이 진실이 아니거나 또는 오로지 공익을 꾀할 목적이 아니라는 사실이 명백하고, 또한 피해자에게 중대하고 현저하게 회복할 수 없는 손해를 입힐 우려가 있을 때에 한해 예외적으로 허용된다.*

(참고: http://www.bengo4.com/c_18/b_223738/)

어떤 사건의 판결문 일부다. 또는과 또한이 둘 다 나와 있는데, 어떤 조건에서 '예외적으로 허용된다'는 것인지 바로 알 수 있는가? 법조문이나 계약서 등에도 이렇게 빙 돌려 말하는 표현이 자주 등장한다. 또는, 또한 외에 혹은, '및', '한편' 등도 자주 볼 수 있다.

이러한 문장의 논리 구성을 해석하는 능력이 없으면 복잡한 조건 설정을 착각해서 크게 실수할 수도 있다. 그런 사태를 막으려면 수학적 사고가 필요하다.

나는 법학부를 졸업했기에 법률의 사고에도 수학적 사고가 살아 있다는 사실을 매일 실감했다. 일단 수학처럼 도식화만 해도 논점이 명백해진다.

'또는'과 '또한'의 차이를 벤 다이어그램으로 이해한다

'또는'과 '또한'의 사용법을 훈련하기에 유용한 수학의 도구란 무엇일까? 바로 **'집합'**이다. 그러나 수학에서 말하는 집합은 "전원 집합!" 호령 아래 닥치는 대로 모아들이는 것이 아니다. **어떤 특정 조건에 맞는 대상을 한데 묶어 생각하는 것이다.** 집합을 시각적으로 표현하는 도구가 바로 **벤 다이어그램**이다. 영국의 수학자 존 벤이 고안하여 벤 다이어그램이라 부른다.

존 벤(1834~1923)
영국의 논리학자, 수학자.

그럼 'A 또는 B'와 'A 또한 B'가 각

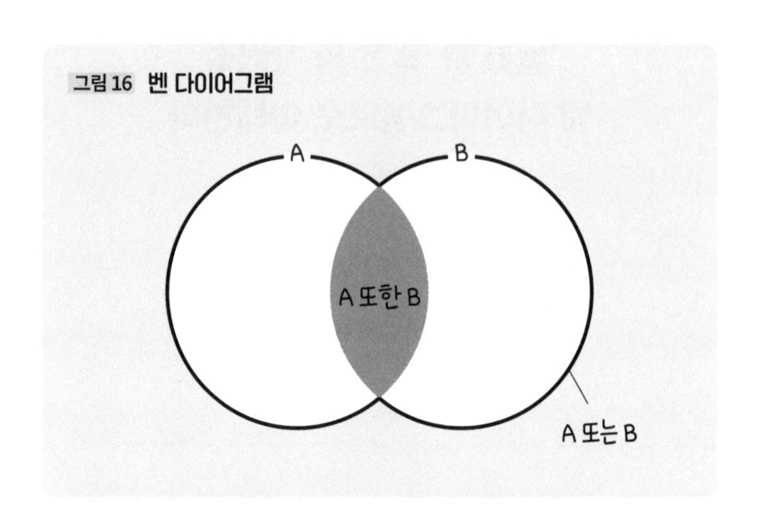

그림 16 벤 다이어그램

각 벤 다이어그램으로 어떻게 표현되는지 살펴보자(그림 16).

포함되는 범위의 크기 차이가 한눈에 들어온다. 'A 또는 B'는 둘 중 한 가지 조건만 갖추면 OK이므로 범위가 넓고, 'A 또한 B'는 두 조건 모두 갖추어야 하기 때문에 범위가 좁다.

또는과 또한이라는 표현을 접했을 때, 벤 다이어그램을 떠올리기만 해도 절대 틀릴 일은 없다. **'또는'이라고 쓰여 있으면 조건 설정이 느슨하고, '또한'은 조건이 엄격하게 한정되어 있다**고 생각하면 된다.

벤 다이어그램의 이미지가 무의식적으로 머리에 박힌 사람은 남들 앞에서 이야기할 때의 몸짓과 손짓도 다를지 모른다.

우리는 이야기할 때, 흔히 양손을 앞으로 내밀고 빈 공간을 붙잡는 제스처를 한다. 인터뷰 사진에 그런 제스처를 취한 모습이 많이 사용되기도 한다. 최근 일본의 인터넷에서는 그런 동작을 '물레 돌리기'라 부르며 조롱하기도 하지만 보디랭귀지는 중요한 의사소통 수단 중 하나다.

'A 또는 B'일 때는 양손을 크게 벌리고, 'A 또한 B'일 때는 양손을 좁히면 듣는 사람이 직관적으로 뉘앙스를 이해할 수 있다. 그런 손짓을 쓰는 사람은 사실 무의식중에 수학적 사고를 한다고 볼 수 있다.

토론은 화이트보드에 벤 다이어그램을 그리면서 하자

조금 전의 판결문도 벤 다이어그램으로 정리하면 이해하기 쉽다.

먼저 '또는'으로 이어진 '표현 내용이 진실이 아니다'와 '오로지 공익을 꾀할 목적이 아니다'를 호리병 모양의 큰 집합 A에 적고, '또한'으로 묶인 '피해자에게 중대하고 현저하게 회복할 수 없는 손해를 입힐 우려가 있다'를 집합 B로 하여 집합 A에 살짝 겹쳐서 적는다. 겹친 부분이 '예외적으로 허용된다'이다. 문장만 읽어서는 머리에 잘 들어오지 않던 내용이 상당히 이해하기 쉬워지지 않았는가?

TV 토론 방송이나 인터넷상의 토론을 보다 보면 "벤 다이

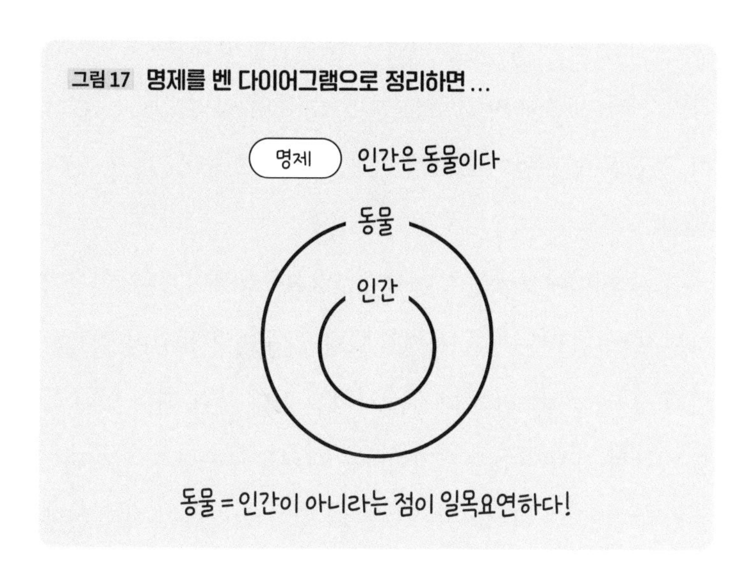

그림 17 명제를 벤 다이어그램으로 정리하면…

어그램을 써!"라고 외치고 싶을 때가 많다. 각 주장마다 'A는 B다' 같은 조건이 달린 명제가 다양한 형태로 복잡하게 얽혀 있다. 명제들이 정리되어 있지 않아 오해가 생기고, 엉뚱한 이의 제기나 반론으로 쓸데없이 시간을 낭비하는 일이 자주 일어난다.

그런 문제를 피하기 위해 토론 자리에는 가능한 한 화이트보드를 준비하라고 권하고 싶다. **화이트보드에 벤 다이어그램을 그리면서 이야기를 나누면 시간과 노력이 절약되고, 토론 자체도 결실을 맺을 수 있다.**

명제 'A는 B'를 벤 다이어그램으로 간단히 나타낼 수 있다. 예를 들어 '인간은 모두 동물이다'라는 명제는 '동물'이라는 집합 A 안에 '인간'이라는 부분집합 B를 적어 넣기만 하면 된다. 벤 다이어그램을 보면 '동물이 아닌 인간은 없으며, 동물은 인간만이 아니다'라는 사실을 한눈에 알 수 있다(그림17).

이 벤 다이어그램을 보면서 '그렇다면 동물이 전부 인간이라는 말이냐!'라든가 '나를 돼지, 뱀, 개구리랑 똑같이 취급하다니 제정신이냐!'라고 따지는 사람은 없다. 만에 하나 있다 해도 상대할 가치가 없는 트집이라는 사실을 누구나 알 것이다.

다시 말해 벤 다이어그램을 쓰지 않고 말로만 벌이는 논쟁에서는 이런 어처구니없는 공격이 드물지 않다. 이런 황당한 수준의 착각을 바로잡느라 허리가 휘도록 고생하는 사람이 많다.

벤 다이어그램을 가리키면서 "당신은 이 부분의 이야기에 집착하고 있는데, 나는 지금 이쪽 이야기를 하고 있는 겁니다."라고 말하면 간단히 이해시킬 수 있는 이야기다. 그런데 벤 다이어그램을 사용하지 않을 경우 몇 시간이고 끝도 없이 설명해야 하니, 시간 낭비라고밖에 말할 수 없다.

'차선책'을 찾아내는 벤 다이어그램 사용법

벤 다이어그램은 머릿속을 정리하는 데도 쓸모가 있다. 취직이나 결혼 같은 인생의 중대한 선택에서 셋집 구하기나 양복 고르기 등에 이르기까지 자신이 희망하는 조건과 타협을 보지 못해 망설이는 일은 누구에게나 있다.

취직자리라면 '연봉은 얼마 이상', '근무지는 도쿄', '외근 업무가 아니라 내근' 등의 입사 희망 조건이 있을 것이다. 결혼 상대라면 '경제력', '외모', '성격', 셋집이라면 '집세', '집 내부 구조', '역까지의 거리', 옷이라면 '가격', '브랜드', '색상' 등 희망하는 조건은 하나로 좁힐 수 없다.

하지만 이상과 현실 사이에는 늘 깊은 괴리가 있다. 'A 또한 B 또한 C 또한….' 하는 식으로 모든 조건을 두루 갖춘 대상과는 좀처럼 만나기 어렵다. 따라서 적당히 타협해야 하지만 그러기가 쉽지 않다. 마지막에 가서는 다 귀찮아져 어느 한 가지 조건만 가지고 비교 검토하기도 한다. 그리고 결국 '다른 걸로 했어야 했는데!'라며 땅을 친다. 어쨌든 타협을 하는 이상, 후회 없는 선택을 하기란 어려울지도 모른다.

그러나 가능하면 '차선책', 최소한 '차차선책'에 해당하는 판단을 하고 싶다. 그럴 때는 **희망하는 조건을 벤 다이어그램으로 정리해서 '또는'과 '또한'으로 선택지가 어떻게 넓어지고 좁아지는지 살펴보면 좋다.**

셋집을 구하느라 고심 중인 사람이라면 이미 인터넷이나 부동산 중개소에서 정보를 입수하고 대여섯 개쯤 후보를 골라 놓았을 것이다. 그중에는 '집세는 싸지만 내부 구조가 별로'인 물건, '역에서 가깝지만 집세가 비싼' 물건, '집세도 내부 구조도 마음에 들지만 역에서 먼' 물건 등도 있을 것이다. 하지만 희망하는 조건이 집세가 싼 곳, 역에서 가까운 곳, 집 내부 구조가 좋은 곳이라면 후보 중 세 집합을 모두 충족시키는 매물은 하나도 없고 전부 어중간해서 소용이 없다. 'A 또한 B 또한 C'에 매달리다가는 영원히 이사를 가지 못한다.

그렇다면 차선책을 찾을 수밖에 없다. 살펴보아야 할 매물은 'A 또한 B', 'B 또한 C', 'A 또한 C'에 들어가는 물건이다. 만약 세 집합에 후보가 하나씩 들어 있다면, 일단 선택지는 세 개까지 좁혀졌다. 어쩌면 역에서 가장 가까운 물건이 후보에서 제외될지도 모르지만 희망 사항에 맞지 않는 조건이 두 개나 있으니 단호히 포기하자.

자, 그럼 남은 후보 세 개 중 무엇을 선택하면 좋을까? 직관적으로 골라도 괜찮을지 모르지만, 자신에게 꼭 필요한 희망 조건이 무엇인지 다시금 숙고하는 것도 좋다.

나에게 필수 조건은 C다. 그렇게 정하고 나면 지금까지는 'A 또한 B'여야 한다고 마음먹고 있었더라도, 실은 'A 또는 B'라는 조건도 받아들일 수 있지 않을까? 그렇다면 선택지를 더욱 좁힐 수 있다. A와 B 둘 중 하나를 만족시키면 된다. 필수 조건은 C니까 'A 또한 C'와 'B 또한 C' 중 양자택일한다. C가 '역까지의 거리'라고 치면 역에서 더 가까운 쪽을 고르면 된다.

또한을 또는으로 바꾸면 선택지가 늘어난다는 이점도 있다.

예를 들어 구직을 할 때 '높은 연봉, 또한 낮은 이직률, 또한 일하는 보람이 있는 회사' 이렇게 조건을 전부 '또한'으로 설정하면 선택지가 늘지 않는다. 면접을 보러 가는 회사가 적으면 합격 가능성도 높일 수 없다.

선택지를 늘리려면 자기 자신과 마주보고 조건을 다시 검토해야 한다. 그러면 '연봉이 높든지, 일하는 보람이 있든지 둘 중 하나만 있으면 괜찮아'라고 생각하게 될지도 모른다. 벤 다이어그램을 보면 알 수 있듯이 어느 조건 하나만 또는으로 바꿔도 선택지는 단박에 넓어진다.

벤 다이어그램을 그려 정리하면 머릿속에서 흐리멍덩하게 뒤엉켜 있던 고민이 뚜렷하게 구체화된다. 그뿐만 아니라 앞서 이야기했던 좌표축이나 확률을 조합하여 생각할 수도 있다. 수학적 사고는 다각적이고 또한 냉정하며 또한 합리적으로 매사를 판단하기 위해 필수다.

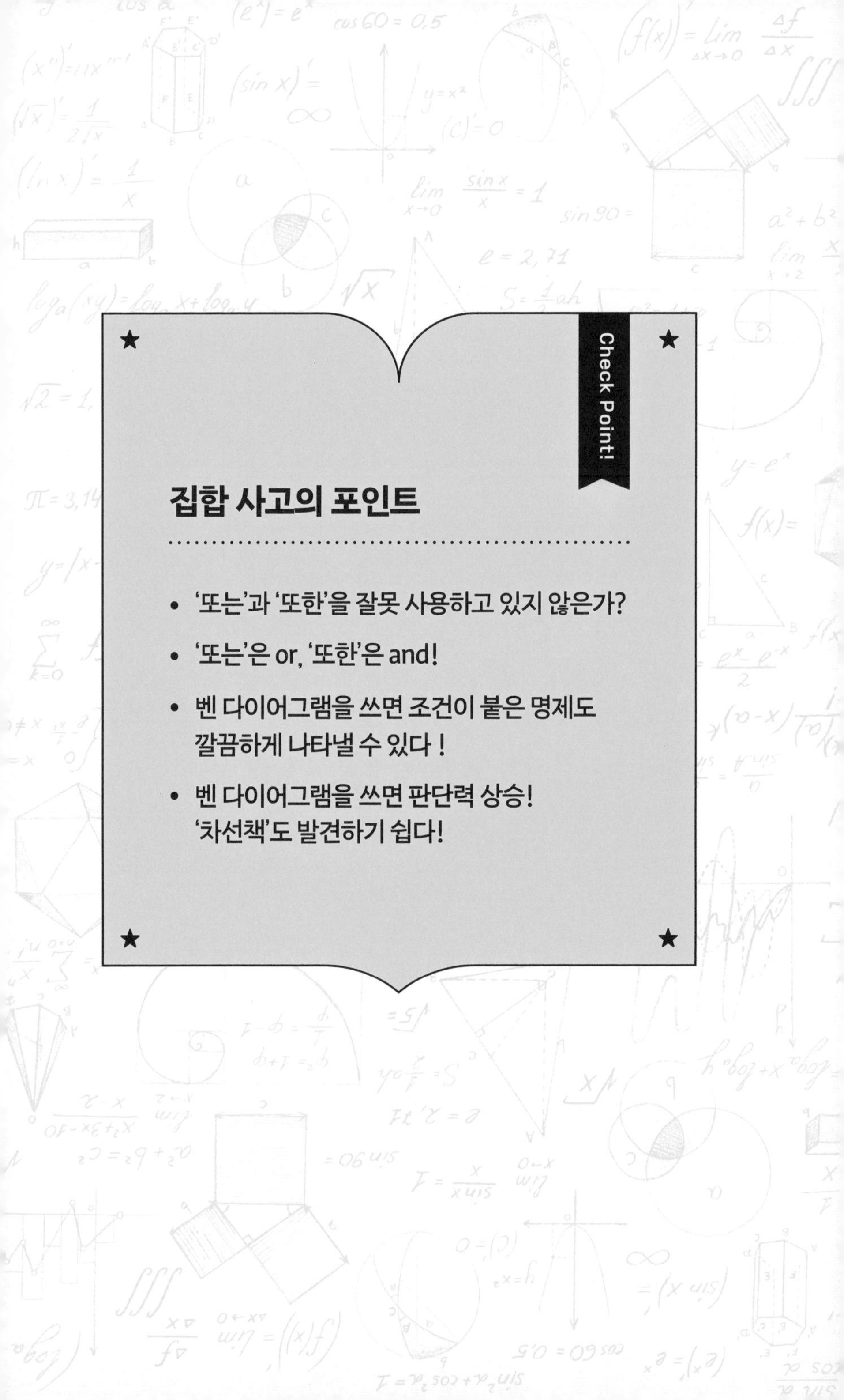

Check Point!

집합 사고의 포인트

- '또는'과 '또한'을 잘못 사용하고 있지 않은가?
- '또는'은 or, '또한'은 and!
- 벤 다이어그램을 쓰면 조건이 붙은 명제도 깔끔하게 나타낼 수 있다 !
- 벤 다이어그램을 쓰면 판단력 상승! '차선책'도 발견하기 쉽다!

Column 1

인수분해

괄호로 묶어 '정리하는 사고'

생각을 간결하게 정리하기 위한 수학적 도구로 **'인수분해'**를 활용할 수도 있다. 인수분해도 "이걸 왜 하는 건지."라고 투덜거리게 만드는 수학의 대표 격이다. 하지만 수업 시간에 배웠을 때 인수분해의 '깔끔함'에 상쾌한 기분을 느꼈던 사람이 많을 것이다.

그 감각을 떠올릴 수 있도록 중학교에서 배웠던 인수분해 공식을 몇 가지 살펴보자(그림 18).

오른쪽 그림 18에서 보듯 어수선하고 정신 사납던 좌변이 우변에서는 괄호로 묶여 형태가 깔끔해졌다. 좌변과 우변이

그림 18 인수분해 공식

$$x^2 + 2ax + a^2 = (x + a)^2$$

$$x^2 - 2ax + a^2 = (x - a)^2$$

$$x^2 + (a + b)x + ab = (x + a)(x + b)$$

$$x^3 + 3x^2y + 3xy^2 + y^3 = (x + y)^3$$

같은 뜻이라니, 눈을 비비고 다시 볼 만큼 놀랍지 않은가!

마치 쓰레기통 같던 방을 청소의 달인이 순식간에 깨끗한 공간으로 탈바꿈시킨 듯한 상쾌함이 있다. 그렇다, **인수분해적인 사고란 말하자면 '정리·정돈사고'다.**

인수분해라는 말만 듣고 얼굴을 찌푸린 문과생이라도 이러한 정리·정돈사고는 몸에 배어 있을 것이다. 예를 들어 옷 정리를 할 때 속옷, 셔츠, 구두, 스웨터가 뒤섞인 상태로 수납하면 너저분해 보인다. 속옷은 속옷 상자, 셔츠는 셔츠 상자에 수납해야 깔끔하다.

이것은 말 그대로 **'괄호로 묶는'** 작업이다. 처음 세탁물을 거둬들인 단계에서는 인수분해 전의 좌변 같은 상태였다가, 개어서 정리하면 우변처럼 된다. 우리는 이미 세탁물을 인수분해하고 있다.

어떤 공통항끼리 모아 놓는 것이 정리의 기본이다. 인수분해의 기본 역시 공통항으로 묶는 것이므로 정리·정돈이 능한 사람은 수학적 사고를 한다고 볼 수 있다.

그러한 **'정리·정돈=인수분해'**는 눈에 보이는 물건을 정리할 때만 효용을 발휘하지 않는다. 일을 처리하는 순서를 정할 때도 유용하다.

잡다한 안건이 수북이 쌓여 있어서 무엇부터 손을 대야 할지 모르겠다면 **일단 눈앞에 있는 업무를 인수분해해 본다.** 해야 할 업무에는 메일 회신, 전화, 서류, 외출 등의 공통항이 있을 것이다. 공통항을 괄호로 묶으면 '좋아, 먼저 메일부터 정리하자' 하고 업무 순서를 효율적으로 배치하여 일을 처리할 수 있다.

덧붙이자면 영화감독 **비트 다케시는 《얼간이의 구조》**間抜け

の構造 **에서 영화 촬영 계획을 세울 때 '인수분해를 한다'고 말했다.** 조금 길지만 인용해 보겠다.

예를 들어 X라는 살인 청부업자가 있다. 그가 A, B, C, D를 죽이는 장면이 있다고 하자.

장면을 순서대로 찍는다 치면, 먼저 X가 등장해 A가 사는 곳에 가서 총을 쏜다.
이번에는 B가 걸어가고 있는데 다가가서 탕.
그다음에 C, D를 죽이는 장면을 전부 순서대로 찍는다.

수식으로 예를 들자면 다항식 XA+XB+XC+XD다.
이래서는 뭔가 줄줄이 늘어진 느낌이라 지저분하다.
XA+XB+XC+XD를 인수분해하면 X(A+B+C+D)가 되는데, 이를 영화 만들 때 적용하면 어떨까 하는 이야기가 '영화의 인수분해'다.

맨 먼저 X가 A를 스쳐 지나가는 순간 총을 쏜다.
그런 다음 그대로 X가 걸어가는 모습을 찍는다.
그리고 X는 페이드 아웃된다.

그런 다음 총에 맞아 죽은 B, C, D의 시체를 비춰 주기만 하면 된다.
굳이 전원을 죽이는 모습을 보여 주지 않아도 충분하다.(생략)

이것을 간단한 수식으로 나타내면 X(A+B+C+D)다.
괄호를 어떻게 열고 닫느냐가 감독의 연출력을 보여 주는 부분이라 할 수 있고, 인수분해를 하면 필연적으로 설명이 간략해지고 영화도 깔끔해진다.

내가 글을 쓸 때도 인수분해 사고법을 활용하여 장별 내용을 구성한다.

글을 읽을 때도 마찬가지다. 특히 영어 장문 독해를 할 때, 괄호를 사용해 정리하면 전체 흐름이 명확해진다. 그렇게 먼저 전체 구성을 파악하면 문장의 '뼈대'가 보이므로, 그리 중요하지 않은 수식어는 모른다 해도 문장을 이해할 수 있다.

요컨대 머릿속을 깔끔하게 정리하며 매사를 바라보려면 '괄호로 묶을 수 있는 것은 어서 묶어라'는 것이다. **인수분해란 공통항으로 묶는 에너지 절약 사고법**이라 말해도 좋다. 수식에 '괄호'를 도입한 사람이 누구인지는 몰라도 참으로 멋진 발명이었다고 생각한다.

제6장

증명

속지 않기 위한 논리력을 훈련한다

수학적 증명은 '생각하는 법'과 '말하는 법'의 훈련

앞 장에서 수학이 국어 실력도 키워 준다는 이야기를 했다. 집합을 활용해 사고하면 '또는'과 '또한'의 의미를 이해하기 쉽고, 쓸데없는 공방에 토론 시간을 낭비하는 일도 없어진다.

그야말로 문과생에게 쓸모없기는커녕 오히려 꼭 필요한 사고법이다. 이과든 문과든 우리가 매사를 생각할 때는 '논리'가 뒷받침되어야 한다. 그리고 수학은 논리력을 길러 준다. 논리적인 말솜씨나 토론 실력을 훈련시켜 주는 수학적 사고법을 또 하나 알려 주려 한다. 바로 **'증명'**이다.

증명이라는 말을 들으면 누구나 금방 '삼각형'을 떠올리지 않을까?

'삼각형의 내각의 합이 180도라는 사실을 증명하시오'라든가 '두 삼각형이 합동이라는 사실을 증명하시오' 같은 추억 속의 문제를 떠올리는 사람도 많을 것이다.

그러나 삼각형이나 평행선 등을 다루는 기하학에서만 증명을 사용하지는 않는다. 무언가를 증명하는 것은 수학이라는 학문의 생명선과 같다.

예를 들어 '페르마의 정리'처럼 난해한 수학 문제에 대해 그 이름만이라도 들어본 사람이 많을 것이다. 수학자들에게는 그 가설을 어떻게 증명할지가 중요한 연구 주제다. 어떤 의미에서 수학은 뭔가를 증명하기 위해 존재한다고 해도 과언이 아니다.

증명은 그야말로 '수학 그 자체'다.

물론 페르마의 정리는 수학자가 아닌 일반인의 인생과 아무 관련이 없다. 그러나 증명은 누구에게나 중요하다. 어떠한 일을 생각하고 결론을 내는 행위는 수학적인 증명의 과정을 근거로 해야만 제대로 이루어지기 때문이다. 또한 증명의 순서를 모르고서는 다른 사람을 납득시킬 수 없다. **증명은 '생각하는 법'과 '말하는 법' 모두를 훈련시켜 준다.**

예컨대 당신이 '개를 좋아한다'고 하자. 어느 날 초면인 A

역시 개를 좋아한다는 사실을 알았다. 그럴 때 '개를 좋아하는 걸 보니 A는 좋은 사람이야'라고 믿는 사람이 종종 있다(나도 그렇다).

그러나 말할 것도 없이 이 추론에는 충분한 근거가 없다. A는 어쩌면 정말로 '좋은 사람'일지도 모르지만 개를 좋아한다는 전제만으로는 그 사실을 증명할 수 없다. 세상에는 '개를 좋아하는 나쁜 사람'이 발에 차일 만큼 있기 때문이다. A가 나를 속이려고 접근한 '나쁜 사람'일 가능성은 얼마든지 있다.

하지만 **인간은 때때로 '개를 좋아하는 사람=좋은 사람' 같은 직관적인 선입견으로 매사를 판단한다.** 사기 피해가 끊임없이 발생한다는 사실이 그 증거라 할 수 있을지도 모른다.

수학적인 증명법을 충분히 훈련하지 않으면 우리의 사고는 허술하기 그지없는 빈틈투성이가 된다.

유클리드 기하학의 '공리'란

수학의 증명은 그러한 '빈틈'을 일절 허용하지 않는다. 삼각형의 내각의 합이 180도라고 증명되면, 이제 180도 이외의 다른 어떤 각도도 삼각형의 내각의 합이 될 수 없다. 종이에 그려진 삼각형의 내각을 각도기로 재면 182도나 179도일 수도 있지만 수학의 증명은 그런 반론을 '내 알 바 아니다!'라고 무시한다.

먼저 '삼각형이란 무엇인가?', '삼각형의 내각이란 무엇인가?'와 같은 추상적인 정의가 전제로서 존재한다. 그리고 그 전제에서 출발해 사고를 전개해 나가면 종이에 삼각형을 그릴 필요조차 없다. 일일이 계측하지 않아도 삼각형의 내각의 합은 180도라고 증명할 수 있다. 179.9999도나 180.0001도가 아니라 180도다.

'개를 좋아하면 좋은 사람'이라는 주장은 개를 좋아하는 사기꾼을 데려오면 곧바로 거짓이 되지만 '삼각형의 내각의 합은 180도'라는 결론은 어떠한 반론도 허락하지 않는다. 엄밀하고 완벽한 증명이다.

매사를 논리적으로 사고하지 못해 구멍이 숭숭 뚫린 허점투성이 의견을 말하는 사람이 되기 싫다면, 증명의 대단함을 인정하고 느끼는 센스가 있어야 한다. 수학적인 증명의 위력을 이해하지 못하고 '그게 뭐 어쨌다고?'라며 멀거니 있다가는 그릇된 확신에 빠져 실패할 수 있다. 뿐만 아니라 자신의 생각을 타인에게 제대로 이해시킬 수도 없다.

단, 수학적 증명의 '완벽함'에 감동할 때 명심해야 할 점이 있다. 바로 **'증명'의 전제에 '공리'가 있다**는 사실이다. 삼각형의 내각의 합이 180도라는 증명은 유클리드 기하학의 공리를 전제로 한다. 공리가 '옳다'는 전제 없이 증명은 성립하지 않는다.

유클리드(에우클레이데스)
(기원전 330년경~기원전 260년경)
그리스의 수학자. 기하학의 시조.

공리란 어떤 이론의 출발점이 되는 대전제를 말한다. 공리는 '두말할 필요 없이 당연한' 것이므로 공리 자체는 옳은지 틀린지 증명할 필요가 없다. 유클리드 기하학의 공리 중 하나를 예로 들어보자.

점이 두 개 주어졌을 때,
그 두 점을 지나는 직선을 그을 수 있다.

그야 당연하다고 말할 수밖에 없다. 공리가 대전제로서 존재하기 때문에 세 점을 직선으로 잇는 삼각형을 그릴 수도 있다. 현실에서 '전혀 비뚤어지지 않은 완벽한 직선'을 그리기는 불가능하지만, 그것은 문제가 아니다. 유클리드 기하학은 직선을 '그을 수 있다'는 전제에서 이야기를 시작한다.

지금 나는 현실에 '완벽한 직선'을 그릴 수 없다고 말했다. '노력하면 가능하지 않을까?' 싶은 사람도 있을 것이다. 하지만 유클리드 기하학에서는 '점'과 '선'을 다음과 같이 정의한다.

점: 위치 이외에 크기, 방향 등 어떠한 특징도 없다.
선: 폭이 없는 길이다. 선의 양 끝은 점이다.

점은 어떤 크기도 없고, 선은 길이라는 크기밖에 없으므로 현실에 그리는 것은 결코 불가능하다. 아무리 작게 그려도 현실에 그려진 점(과 비슷한 것)에는 반드시 면적이 있고, 선(과 비슷한 것)에는 반드시 폭이 있다. 크기와 폭이 있는 것은 유클리드 기하학에서 '면'이라 부르며 점도 선도 아니다. 그러므로 현실에서는 직선을 그릴 수 없다.

따라서 점과 선으로 둘러싸인 삼각형을 현실에 그리기는 불가능하다. 내각의 합이 180도인 완전한 삼각형은 플라톤이 말한 이른바 '이데아'의 세계에만 존재한다.

플라톤 철학에서 이데아란 사물의 '참된 모습' 혹은 '원형'을 말한다. 우리가 현실 세계에 존재하는 다양한 형태의 의자를 보고 '이것은 의자다'라고 생각할 수 있는 까닭은, 그것이 '의자의 이데아'를 가지고 있기 때문이라고 플라톤은 생각했다. 그러나 의자의 이데아는 현실 세계 어디에도 없다.

플라톤은 피타고라스학파의 기하학에서 힌트를 얻어 이데아론을 구축했다. 그야말로 기하학의 도형은 이데아 그 자체다.

전제가 틀리면 삼각형의 내각의 합도 180도가 아니다

이야기가 약간 옆으로 샜다. 공리의 문제로 돌아가자. 공리라는 전제가 없으면 어떤 증명도 성립하지 않는다는 이야기다.

사실, 유클리드 기하학에서 완벽하게 증명된 삼각형의 내각의 합도 공리가 틀리면 무너질 수 있다. 유클리드 기하학은 **'평행선 공리'**를 전제 중 하나로 삼기 때문이다.

'한 직선이 다른 두 직선과 만날 때 같은 쪽에 있는 내각(동측내각)의 합이 두 직각보다 작다면, 두 직선이 한없이 연장되었을 때 두 직각보다 작은 각 쪽에서 교차한다.'

대체 무슨 말인가 싶을 것이다. 하지만 벤 다이어그램으로 '또는'과 '또한'을 그리면 이해하기 쉬워지듯이 그림으로 나

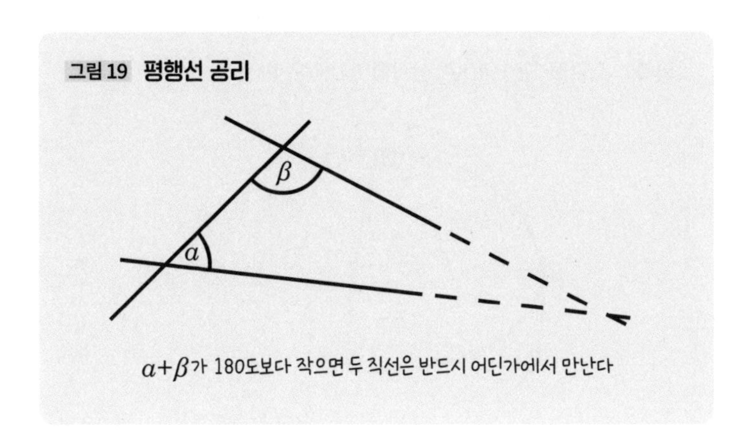

그림 19 **평행선 공리**

$\alpha+\beta$가 180도보다 작으면 두 직선은 반드시 어딘가에서 만난다

타내 보면 어렵지 않다(그림 19).

각 α와 각 β의 합이 180도보다 작으면 두 직선은 반드시 어딘가에서 만난다. 지극히 당연한 일이다. 그리고 $\alpha+\beta$가 180도이면 두 직선은 아무리 길게 뻗어도 만나지 않는다. 그래서 이를 '평행선 공리'라고 한다.

실은 이 공리가 성립하지 않는 세계가 있다. 바로 **'곡면'**이다. $\alpha+\beta$가 180도일 때 두 직선이 평행을 이루려면 '평면'상에 위치해야 한다. 지구본을 보면 금방 이해할 수 있다. 위선과 경선은 어느 점에서나 직각으로 만나므로 평면 위에서라면 어디서든 평행을 이룬다. 그러나 모든 위선과 경선은 북극과 남극에서 만난다.

그림 20 지구에 그린 거대한 삼각형의 내각의 합은 ….

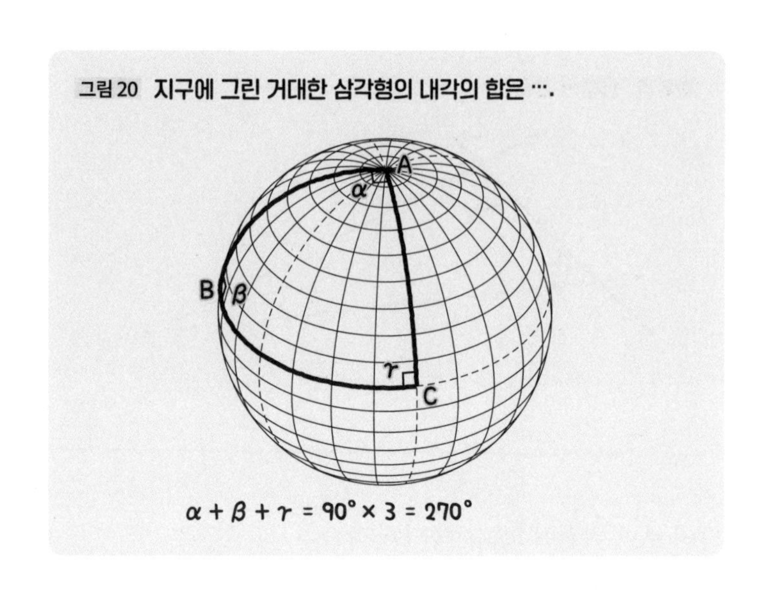

이런 논리라면 삼각형의 내각의 합이 180도라고 단정할 수 없다. 한 가지 예로, 북극에서 직각으로 만나는 경선 두 개와 그 사이에 끼인 적도로 만든 거대한 삼각형을 생각해 보자. 적도(위선)는 경선과 직각으로 만나므로 삼각형의 세 각은 모두 90도다. 따라서 내각의 합은 90×3=270도가 된다(그림 20). 여기서부터는 비非 유클리드 기하학의 세계다.

유클리드 기하학의 이야기가 길어졌지만, **논리적으로 뭔가를 증명할 때는 '전제'가 중요하다**는 점을 이해하길 바란다. 감탄스러울 만큼 엄밀하고 완벽한 기하학의 증명조차 공리라는 전제가 무너지면 간단히 뒤집혀 버린다.

그러므로 **매사를 논리적으로 생각하고 어떤 결론을 이끌어 내야 할 때는 논리의 전제에 이상한 점이 없는지 확인해야 한다.** 곡면의 이야기를 하는데 평면의 공리를 전제로 놓는다면 논리를 전개하는 과정이 아무리 옳았어도 잘못된 결론이 나온다.

고정 관념=선입견에서 벗어나는 현상학의 사고법

특히 **'고정 관념'**에 빠지지 않도록 주의해야 한다. 앞에서 예를 든 '개를 좋아하는 사람은 좋은 사람이다'라는 말도 그렇지만 근거 없는 고정 관념을 전제로 한 탓에 잘못된 추론을 하는 사람이 많다.

예를 들어 상대방의 '출신지'로 성격을 판단하는 사람을 흔히 볼 수 있다. 교토 출신은 '심술궂다', 오사카 출신은 '재미있다' 등 소위 지역별 성향은 TV 방송에서도 이따금 재미 삼아 언급한다. 지역마다 특징적인 경향이 약간은 있을 것이다. 하지만 이는 '평행선은 대부분 만나지 않는다'라는 말과 같다.

공리라 할 수 없는 전제로는 무엇 하나 증명할 수 없다. 기껏해야 '삼각형의 내각의 합은 대략 180도지만 예외도 있다' 같은 수준의 이야기다.

더욱 근거가 빈약한 고정 관념은 혈액형이나 별자리에 기초한 성격 판단이다. 그런 것으로 사람의 성격이나 행동 패턴이 결정될 리가 없다. 하지만 지금도 여전히 혈액형이나 별자리를 알고 싶어 하는 사람이 많다.

이처럼 그릇된 고정 관념을 전제로 이야기를 하는 사람과는 제대로 된 토론을 할 수 없다. 애당초 전제가 잘못되어 있으니 아무리 이야기해 봐야 평행선을 달릴 뿐이다. 단, 잡담의 소재로서는 분위기를 띄우기 좋으므로 증명할 수 없는 대화 소재도 존재 의의는 있다.

덧붙이자면 오스트리아의 철학자 에드문트 후설이 제창한 현상학적 방법론에서는 이러한 고정 관념을 **'선입견'**이라고 부른다. **선입견을 벗어던지고 매사를 보는 것이 '사상事象 그 자체로' 돌아가 생각하는 현상학적 태도다.**

에드문트 후설 (1859~1938)
독일의 철학자. 현상학의 창시자.

예를 들어 '사과는 빨갛다'라는 관

점은 'B형은 자기중심적이다'보다는 근거가 확실해 보인다. 그러나 현상학에서는 그런 생각도 선입견이므로 배제해야 한다고 말한다.

선입견을 벗겨 내고 보면 지금까지 '붉다'고 믿던 사과 표면에 하얀 부분도 있고 노란색이나 오렌지색에 가까운 부분도 섞여 있는 것이 보인다. 사과 그림을 그릴 때 많은 사람이 '사과는 이렇다'고 생각해서 빨갛게 색칠하지만 그래서는 현실을 그린 것이 아니다. 진정으로 사과를 정확히 파악하려면 고정 관념을 버리고 관찰해야 한다.

토론을 할 때도 쌍방이 모두 선입견에 물든 전제에 입각하여 주장을 펼치는 일이 많다. 따라서 제대로 톱니바퀴가 맞물려 돌아가도록 토론을 진행하려면 **무엇을 전제로 이야기하고 있는지 의식하고 서로에게 확인해야 한다.**

많은 토론이 **'가령 A가 X라면'**이라는 전제에서 출발한다. 그러한 가정을 바탕으로 "그렇다면 B는 C가 아닌가요?", "아니, B는 D일 때도 있어요.", "그렇군요. 하지만 어쨌든 B가 E가 아니라는 건 분명합니다." 이렇게 사실 인식을 쌓아 올리고 최종적으로 어떠한 결론이 옳다는 사실을 증명하려 해야 올바른 토론이다.

삼각형의 내각의 합도 '가령 평면이 이러한 것이라면'이라는 전제에서 출발하여 '그렇다면 180도다'라는 결론에 다다랐다. 그런 뒤에 토론의 전제를 다시 살펴보는 데서부터 '비유클리드 기하학'이 시작되었다.

'가령 그곳이 평면이 아니라면'이라고 전제가 바뀌면 삼각형의 내각의 합은 '반드시 180도는 아니다'라는 결론이 도출된다(아까는 270도가 되는 예를 소개했지만 꼭 180도보다 커지지는 않는다. 내각의 합이 180도보다 작아지는 전제도 있다).

우리의 일상적인 토론도 '가령'이라는 전제가 명확하다면 그런 전개가 가능할 것이다. **어느 한 가지 가정을 전제로 어떤 결론을 낸 다음에, 반대로 'A가 Y라면'이라는 또 다른 가정을 전제로 생각해 본다. 그러한 토론은 실로 건설적이다.**

반증 가능성이 없으면 과학이 아니다

세상에는 얼핏 보기에 그럴듯한 이론을 늘어놓으면서 실은 무엇 하나 제대로 증명하지 못하는 수상쩍은 것이 많다. 종종 사이비 과학, 유사 과학이라 비판받는 의료나 상품에도 그러한 면이 있다. 비합리적인 주장에 속지 않기 위해서라도 증명이라는 수학적 사고를 할 수 있어야 한다.

어떤 이론이 과학적으로 타당한지 아닌지 간파할 수 있도록, 증명이란 무엇인지를 이해하려면 **'반증 가능성'**이라는 개념도 알아 두자. 이는 영국의 과학 철학자 칼 포퍼가 1930년대에 제창한 이론이다.

포퍼는 마르크스주의가 '과학'을 빙자하여 이런저런 주장을 전개하는 것이 마음에 들지 않았다. 마르크스주의에서는 '역사 법칙'이라는 용어를 사용한다. 자본가와 노동자 사이에 계급 투쟁이 일어나 자본주의 사회에서 사회주의 사회로 이행하는 것은 역사 법칙에 따른 필연이라고 주장한다. 그러한 법칙을 이끌어 냈기 때문에 마르크스주의는 과학이라고 말한다.

칼 포퍼
(1902~1994)
오스트리아 출신, 영국의 과학자, 철학자.

애당초 '주의主義'라고 이름 붙는 것은 일종의 확신(가치관)에 기초하는 측면이 있으므로, 특정 주의를 신봉하는 사람들이 '이것은 이렇다'라고 자신의 신념을 주장하면 '그렇군요'라고 받아들일 수밖에 없다. 그 바탕에 깔린 가치관은 주관적이므로 객관적인 증거도 없이 아무 말이든 떠벌릴 수 있다.

포터는 그러한 주장을 과학이나 법칙 같은 말로 정당화하는 것이 옳은가라는 의문을 품었다. 그리고 **어떤 주장이 과학이라는 이름을 내세울 수 있는 필요 조건인지 궁리했다. 바로 반증 가능성이다.**

착각하지 않도록 미리 말해 두자면, 반증 가능성은 '과학적으로 옳을' 조건이 아니다. 어디까지나 그 이론이 **과학이라 불**

릴 수 있는 조건이다. 과학자가 주장하는 다양한 가설 중에는 나중에서야 잘못된 가설이었다는 사실이 밝혀지는 것도 있다. 그러나 오류가 있는 가설이라 해서 '과학이 아니다'라고 할 수 없다. 과학이라 불릴 자격은 있지만 단지 과학적으로는 틀렸다는 사실이 증명되었을 뿐이다.

반증 가능성이란 '오류'의 증거가 제시될 가능성을 말한다. 어떤 가설에 반대하는 사람이 '그 가설은 틀렸다'라고 반증할 수 있는 가능성이 있다면, 그 주장은 과학적이라 할 수 있다. 자신의 이론이 틀렸음을 증명하는 '반증'을 받아들일 준비가 된 태도, 이런 떳떳한 태도가 과학적이다.

가장 단순하고 알기 쉬운 반증은 해당 이론이 제창하는 법칙의 '예외'를 제시하는 것이다. **법칙이란 'A이면 반드시 B가 된다'는 주장이므로 A인데 B가 되지 않는 사례가 하나라도 있으면 부정된다.**

뉴턴을 뛰어넘은 아인슈타인의 이론

예를 들어 뉴턴의 만유인력의 법칙도 그랬다. 만유인력의 법칙이 완벽하게 옳다면 태양계에는 수성 안쪽에 행성이 또 하나 있어야 했지만(그렇지 않으면 수성의 움직임을 설명할 수 없다), 천문학자가 아무리 찾아도 발견할 수 없었다. **수성의 움직임은 만유인력 법칙의 '예외'였다.**

그러나 아인슈타인이 문제를 해결했다. 그렇다고 새 행성을 발견한 것은 아니다. **아인슈타인의 일반 상대성 이론을 적용하면 또 다른 행성이 없어도 수성의 움직임을 설명할 수 있다.**

반증되었다고 해서 뉴턴의 이론이 과학적이지 않다고 할

수는 없다. 그렇게 예외를 제시할 수 있는 반증 가능한 이론이었으니 당연히 과학이라 부를 수 있다.

더욱이 뉴턴의 명예를 위해 부연하자면, 뉴턴의 역학은 완전히 틀린 것은 아니다. 중력이나 물체의 속도가 엄청나게 큰 경우에는 어긋나는 부분이 발생하지만 근사近似적으로는 현실의 자연계를 매우 잘 설명할 수 있는 훌륭한 이론이다.

그렇기에 현대에도 물리학의 기본으로 학교에서 가르치며 다양한 곳에서 뉴턴의 이론이 사용된다. 또 뉴턴을 뛰어넘은 아인슈타인의 이론도 과학인 이상 반증 가능성이 있다. 그러니 언젠가 아인슈타인의 이론을 뛰어넘는 새 이론이 나올지도 모른다.

그렇게 과학은 늘 반증과 싸운다. 중간자中間子 이론을 발표하여 일본인으로서는 처음 노벨상을 수상한 유카와 히데키는 자신이 세운 가설에 스스로 반증을 제시해 무너뜨리는 괴로운 작업을 매일같이 했다.

'먼저 말한 사람이 이긴다'처럼 반증 가능성이 없는 주장은 과학이라 부를 수 없다. '역사의 필연으로 사회주의 세상이 온다'고 주장한들, 검증 실험을 시행해서 '사회주의 세상은 오지 않았다'고 반증을 제시할 수 없다. 가정과 결론을 잇는 논리 구성의 오류나 모순을 지적하고 '반론'할 수는 있지만 '반증'은 불가능하다.

그러한 주장에 의미가 없다고는 못하더라도 과학은 아니다. 즉, 반증이 불가능한 이론으로는 아무것도 증명하지 못한다.

사이비 과학이나 유사 과학에 맞서 견실한 과학자들이 반증을 제시하는 일이 많으므로 '반증 가능성이 있다'는 점에서는 과학의 조건을 충족하는 듯 보인다. 하지만 **제대로 된 과학이라면 확고한 반증이 제시된 시점에서 이론을 철회하거나 수정한다.** 그러기 위해 반증 가능성을 열어 놓는다.

그러나 아무리 반증을 제시해도 귀를 틀어막고는 '이 치료법으로 암이 나은 사람이 있다'라며 한 줌도 안 되는 사례를 방패 삼아 똑같은 주장을 되풀이하는 태도는 과학적인 태도가 아니다. 자기 주변에 있는 두세 명의 사례만으로 B형은 자기중심적이라느니 개를 좋아하는 사람 중에 나쁜 사람은 없다느니 단정하는 것과 같다.

또한 반증 가능성을 중요시한다는 의미에서 '목표를 숫자로 제시하는 사람'은 신용할 만하다. '매출을 30퍼센트 이상 올리지 못하면 책임을 지겠다'처럼 수치로 제시된 목표는 잘못을 명백하게 지적할 수 있으므로 반증 가능성이 있다. 목표치를 달성하지 못하면 깨끗이 책임을 질 수밖에 없다. 자기 자신에게 엄격한 조건을 부과한다는 점에서 신용할 수 있다.

반대로 "최선을 다해 일하겠습니다!", "국민의 행복을 실현하겠습니다!"와 같은 정치인의 연설에는 전혀 반증 가능성이 없다. 물론 정치인이 늘 과학적인 주장만 해야 한다는 말은 아니다. 하지만 진정으로 책임지고 일할 각오가 있다면, 국민의 합리적인 평가를 받을 수 있도록 어떠한 형태로 증명할 수 있는 목표를 하나라도 제시해 주길 바란다.

우리 역시 부정당하는 것을 두려워하지 않는 명석함을 가졌으면 한다.

Check Point!

증명 사고의 포인트

- 논리적으로 증명하려면 '전제'가 필요하다!
- 건설적인 토론이란 '①전제→②사실 인식을 쌓아 올림→③결론이 옳다는 사실을 증명→④또 다른 가정을 전제'로 다시금 생각한다!
- 고정 관념을 주의한다. '선입견'(고정 관념)을 걷어 내고 '현상 그 자체'로 돌아가 생각할 것을 제창한 사람은 후설이다!
- '과학'이라 불리기 위해 필요한 조건은 '반증 가능성'

Column 2

서술형 문제

'풀이 과정'을 설명할 수 있으면 꼭 계산할 필요는 없다

수학이라기보다 산수 이야기지만, 초등학생이 푸는 '서술형 문제'도 국어 실력을 키우기 위한 연습이 된다. 다시 말해 서술형 문제에 약한 아이는 수학 실력이 아니라 국어 실력이 부족하다는 뜻이다. 그래서 서술형 문제를 풀면 국어 실력이 향상된다.

국어 공부 삼아 서술형 문제를 풀 때는, 극단적으로 말하면 계산해서 답을 낼 필요는 없다. 무엇을 어떻게 계산하면 답이 나오는지 '풀이 과정'을 설명할 수 있느냐가 중요하다.

예를 들어 '농도가 다른 두 종류의 소금물 A와 B를 섞으면 전체 농도가 몇 퍼센트가 되는지를 구하라'라는 서술형 문제가 자주 출제된다. 이 문제의 풀이 과정을 생각하려면 먼저 '문제에서 무엇을 요구하고 있는지'를 이해해야 한다. 목적지가 어디인지 모르는 상태에서는 목적지에 이르는 길을 찾아낼 수 없다.

덧붙여 조금 전에 살펴본 증명에서도 목적지부터 역산하는 사고가 도움이 되기도 한다. 출발 지점인 **'가령 ○○이라면'**에서부터 논리를 전개해 가는 한편, 목표 지점인 결론에서부터 **'이렇게 결론이 나오기 위한 조건은 무엇인가?'**라고 역방향으로 생각해 본다. 산 양측에서 터널을 파 나가면 도중에 합쳐지듯이 출발 지점과 목표 지점 양쪽에서 공략해 들어가면 논리가 이어진다.

서술형 문제 이야기로 다시 돌아가 보자. 다음과 같이 말로 풀어서 설명한다.

'두 소금물을 섞었을 때 전체 소금물의 농도 구하기'가 목표 지점이라는 것을 알면, 출발 지점으로 돌아가 과정을 생각

한다. 소금물의 농도는 소금과 소금물의 양을 알면 구할 수 있다. 농도란 '소금의 양÷소금물의 양'이기 때문이다.
전체 소금의 양이 얼마인지는 문제에 제시된 소금물 A와 소금물 B의 농도로 계산할 수 있다. 소금의 양은 소금물의 양에 소금물의 농도를 곱하면 구할 수 있다. 그런 다음 A와 B의 소금의 양을 더한 것을 원래 알고 있던 A와 B의 소금물의 양을 더한 것으로 나누면 된다. 그 계산 결과가 이 문제의 목표 지점이다.

이처럼 풀이 과정을 말로 설명할 수 있으면 "나머지는 누가 좀 계산해 줘. 부탁해!" 하고 놀러 간다 해도 국어 실력을 키우기에 충분하다.

물론 계산 능력을 키우려면 실제로 계산하여 올바른 답을 내야 한다. 하지만 설령 계산력이 좋다 해도 풀이 과정을 설명할 수 있을 만큼의 국어 실력이 없으면 정답에는 도달하지 못한다. 서술형 문제를 풀려면 계산력에 앞서 국어 실력이 필요하다.

이러한 '풀이 과정 설명력'은 수학의 서술형 문제를 풀 때만 요구되는 능력이 아니다. 토론이나 회의 자리에서 자신의 의견을 설명할 때도, 목표를 내다보고 어떤 순서로 이야기하면 설득할 수 있을지 생각할 필요가 있다. 그러한 힘을 키운다는 의미에서 수학 공부는 누구에게나 도움이 된다.

제7장

벡터

방향과 크기로 생각한다

벡터는 단순한 '화살표'가 아니다

문과생들도 즐겨 사용하는 수학 용어가 있다. 예를 들어 '방정식'이다. 오래된 이야기지만 일찍이 프로야구단 요미우리 자이언츠의 나가시마 시게오 감독은 자신의 계투繼投 패턴을 '승리의 방정식'이라고 불렀다(나가시마 감독은 이과생 느낌이 들지 않지만 조사해 보니 릿쿄대 경제학부를 졸업했다). 회사에서도 부서 간 이해관계가 충돌하는 난제를 껴안고 있을 때 "당최 방정식이 안 풀리네."라고 투덜거리는 사람이 있을지도 모른다.

'최대공약수'도 자주 사용된다. 예를 들어 회의에서 여러 의견이 대립하여 어느 하나만을 채택하기 곤란한 상황이다. 그럴 때 "제각기 장점이 있으니까 최대공약수를 취하면 되지 않을까?"라고 말하며, 각각의 의견에서 모두가 받아들일 수 있는 부분만을 추려 모아 타협을 꾀하는 일이 있다. 가장 좋은 의사 결정 방법이라고는 말할 수 없지만 이렇게 최대공약수를 취하면 만장일치로 원만하게 회의를 끝낼 수 있다.

문과생에게도 수학적 사고법은 필요하므로 이처럼 일상에서 수학 용어를 사용하면 좋다. 실제로 방정식을 풀거나 공약수를 계산하지는 않더라도 수학적인 감각에 익숙해지고, 그 감각을 살릴 수 있다. 단, 의미를 더욱 잘 이해하고 사용하는 편이 도움이 되지 않을까 싶은 수학 용어도 있다. 바로 **'벡터'**다.

"그 기획은 벡터가 좀 다르지 않나?"

"너와는 사는 방식의 벡터가 달라."

누구나 이런 표현을 보고 들은 적이 있을 것이다. 본인 스스로도 위의 예처럼 벡터라는 용어를 사용했던 사람이 있을지 모른다. 그렇다면 벡터는 무엇을 의미할까? 문과생 대부분은 '방향' 혹은 '방향성'의 의미로 쓰고 있을 터다.

벡터는 '→' 기호로 표시한다. 수학이 서툰 사람이라도 학교에서 벡터를 배웠을 때의 인상은 강하게 남아 있을 것이다. 그렇기에 '방향성이 다르다'보다 '벡터가 다르다'라고 말하는 편이 '화살표 느낌'이 살고 뉘앙스가 잘 전달된다. 그런 점 때문에 벡터라는 단어를 사용하는지도 모른다. 수학 용어를 사용하면 지적인 느낌이 나고 멋있어 보인다는 마음도 깔려 있을지 모른다.

하지만 수학에서 '벡터가 다르다'는 말은 방향이 다르다는 것만을 의미하지 않는다. 물론 방향이 다르면 벡터가 다르지만, 벡터에는 또 하나 중요한 의미가 있다. 바로 크기다. **벡터란 '방향'과 '크기' 양쪽을 포함하는 말이다.**

따라서 방향이 같더라도 크기가 다르면 벡터는 다르다. 이과생에게 무심코 "그건 벡터가 달라."라고 지적하면 "방향이 다른가요, 크기가 다른가요, 아니면 둘 다입니까?"라고 되묻는 일이 벌어질지도 모른다.

방향의 뜻으로만 언급하고자 한다면 벡터보다 방향성이라고 말하는 편이 무난하다.

밴드가 해산한 이유는 정말로 '방향성의 차이' 때문일까?

반대로 '벡터'라고 말하는 편이 외려 적절해 보이는 예도 있다. 록 밴드나 그룹이 해체할 때 종종 '멤버들의 방향성이 다르다'는 이유를 드는데, 정말로 방향성만 다를까? 그중에는 추구하는 음악의 방향성이 다를 뿐 아니라 밴드를 계속해 나갈 의욕이나 의지에도 차이가 생긴 케이스가 분명 있을 것이다.

예를 들어, 불미스러운 일로 해산(공식적으로는 멤버 아스카의 탈퇴)한 '차게 앤 아스카'는 2인조 듀오 가수로 데뷔하기 전에 7인조 밴드였던 시기가 있었다.

단지 나의 상상에 불과하지만, 최종적으로 듀오로서 데뷔하게 된 배경에는 나머지 다섯 명과 뭔가 '크기'의 차이가 있었을지도 모른다.

프로가 되려는 의지인지, 품고 있는 에너지인지, 꿈꾸는 미래의 스케일인지 모르지만 그러한 크기의 차이 때문에 멤버들이 의기투합하지 못할 때가 있었으리라 추측된다. 설령 목표하는 방향성은 같다 하더라도, 그 역시 '벡터의 차이'다.

덧붙여 '차게 앤 아스카'가 처음 데뷔할 때의 홍보 문구는 '규슈에서 대형 태풍이 상륙! 열띤 목소리로 부르짖는다!'였다. 그들의 '벡터의 크기'가 느껴진다.

벡터에 방향과 크기가 있다는 점을 알면 벡터를 활용한 사고법도 폭이 넓어진다. 화살표의 의미에만 갇히지 않고 사고를 더욱 확장할 수 있다.

예를 들어 '노력'을 벡터적으로 생각하면 어떻게 될까? 물론 방향성만을 염려해서 "그건 노력의 벡터가 틀렸지 않나?"라고 스포츠 선수에게 조언할 수도 있다. 단, '노력하면 보답받는다'는 말을 무턱대고 믿고 연습하더라도 방향이 잘못되어 있으면 실력이 늘지 않는다. 한편 노력의 방향성은 제대로 잡았더라도 '노력의 양'이 부족하면 역시 실력이 늘지 않는다.

이럴 때는 '벡터가 잘못됐다'가 아니라 '벡터가 작다'는 표현으로 현재 상황을 인식할 수 있다. 그러면 '방향성은 옳다'는 의미도 동시에 포함하고 있으니 일석이조다. '작은 화살표를 더 크게 만들어야겠어' 하는 식으로 자신이 해야 할 일의 이미지를 잡기 쉬워진다.

노력의 벡터를 '분해', '합성'해 본다

크기라는 개념을 더해서 생각해 본다면, 벡터의 **'분해'**와 **'합성'**의 이미지도 사용할 수 있다.

벡터 분해란 벡터 하나를 벡터 두 개로 나누는 것이다. 벡터를 나누는 법은 평행사변형을 그리면 알 수 있다(뒷장의 그림 21 참조). 원래의 벡터가 대각선 AC라 했을 때, 이는 AB와 AD라는 벡터 두 개로 나눌 수 있다. 분해하여 생긴 AB와 AD를 **'분력** 分力**'**이라고 한다.

벡터 합성은 분해와 반대로 벡터 두 개를 더하는 것이다. AB와 AD 두 벡터를 합성하면 AC가 된다. 즉, '$\overrightarrow{AB} + \overrightarrow{AD} + \overrightarrow{AC}$'라는 덧셈이 성립한다.

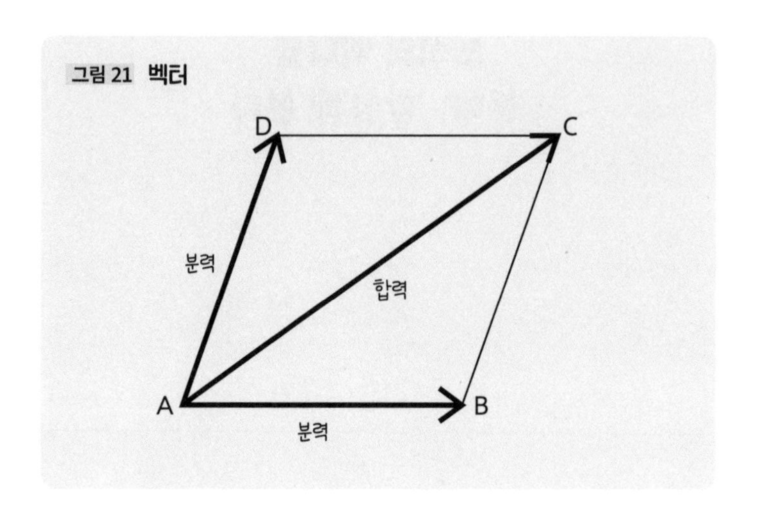

이 이미지를 활용하면 노력의 분해와 합성에 대해 생각해 볼 수 있다.

예를 들어 입시를 위해 영어 성적을 올리려 노력하고 있는 상황이라면 '영어 공부'라는 벡터를 '어휘 벡터'와 '독해 벡터' 두 개로 나눠 본다. '영어'라는 방향에 투입할 수 있는 시간과 에너지가 일정하다면 어휘 방향과 독해 방향에 시간과 에너지를 얼마만큼 투입해야 하는지 윤곽을 그릴 수 있다.

혹은 배우고 싶은 것이 많아서 이것저것 손대다 보니 죄다 실력이 답보 상태인 사람이 있다고 하자. 요리 교실은 일주일에 한 번, 프랑스어 학원은 일주일에 두 번, 테니스 학원은 한 달에 한 번 나가고 있다. 하나같이 좀처럼 실력이 늘지 않는다. 그럴 때는 벡터 세 개를 종이에 적어 본다.

가장 긴 화살표는 프랑스어 방향, 다음으로 요리 방향, 가장 짧은 화살표는 테니스 방향이다. 그중 먼저 요리 벡터와 테니스 벡터를 합성하여 하나의 벡터로 묶는다. 그리고 그 **'합력'**과 프랑스어 벡터를 합성하면 당연히 벡터 세 개보다 훨씬 벡터가 길어진다. 무엇이든지 간에 하나만 집중해서 배우면 꽤 실력이 늘지 않겠는가?

나의 지인 중에는 방향성을 더욱 명확하게 좁혀서 노력한 사람이 있다. 단순히 '프랑스어를 할 수 있게 된다'가 아니라 '프랑스 여행을 가서 현지인과 와인을 주제로 대화를 나눈다'는 목표를 정하고 프랑스어를 공부했다.

그만큼 방향을 명료하게 정해 놓으면 프랑스어를 공부할 때 시간 낭비할 일이 없어진다. 주로 와인과 관련된 문장을 읽고 쓰거나, 와인에 대해 이야기하는 프랑스인의 대화를 들으며 공부한다. 정치나 사회 문제 등 와인과 상관없는 분야의 단어를 외울 필요는 거의 없다. 정해진 분야에만 집중하여 노력하는 만큼, 벡터의 길이도 길어진다.

결과적으로 그 지인은 정말로 프랑스에 가서 와인을 주제로 이야기꽃을 피우고 왔다.

노력을 할 때는 '방향성'과 '크기' 두 가지가 중요하다. 벡터의 이미지는 방향과 크기의 균형을 잡는 데 매우 유용하다. 단순히 화살표의 의미로만 이해하면 수학을 제대로 활용할 수 없다.

Check Point!

벡터식 사고의 포인트

- 벡터에는 '방향'과 '크기'가 있다!
- 노력을 벡터적으로 생각하면 '방향'만이 아니라 '양(크기)'도 필요하다는 점을 이해할 수 있다!
- 노력을 벡터적으로 '분해'하거나 '합성'하면 부족한 부분을 알 수 있고, 무엇을 선택해야 할지 깨달을 수 있다!

Column 3

절댓값

에너지가 '미치는 폭'에 주목한다

벡터는 방향과 크기를 가지는 양이지만, 수학에는 크기만을 나타내는 개념도 있다. '그쯤이야 알지. 1이나 2 같은 수는 크기만 나타내잖아'라고 생각할지도 모르나, 그렇지 않다.

예를 들어 '+1'과 '-1' 중 어느 쪽이 클까? 보통 +1이 크다고 생각한다. 하지만 좌표축에 +1과 -1을 놓아 보면 원점에서의 길이는 같다. 그런데도 '+1이 크다'고 말하는 이유는 +1이 원점보다 양의 방향(x축이라면 오른쪽, y축이라면 위쪽)에 있기 때문이다. 여기에는 어떤 종류의 '방향성'이 가미되어 있다. **순수하게 크기만을 보면 +1과 -1은 완전히 똑같다.**

이미 알아챘겠지만, 바로 **'절댓값이 같다'**는 뜻이다. 어떤 것의 크기를 판단할 때는 일단 양수인지 음수인지는 제쳐놓고 절댓값에 주목해야 한다. 그래야 그것이 품고 있는 잠재력의 크기를 가늠할 수 있기 때문이다.

어릴 때는 온갖 말썽을 피워 부모를 힘들게 하던 아이가, 어느 시기를 기점으로 스포츠나 공부에서 뛰어난 성적을 보이는 일이 있다. 한마디로 본인이 타고난 에너지의 절댓값이 크다는 의미다.

니체도 종종 이런 언급을 했다. 범죄자 중에는 큰 에너지를 소유한 사람이 있으므로, 그의 에너지를 무조건 부정하는 것이 능사는 아니다. 이러한 주장을 하기 위해 니체가 인용한 도스토옙스키의 《죽음의 집의 기록》Zapiski iz mertvogo doma을 보자. 거기에는 '이 교도소에 들어와 있는 자들 중에는 진실로 러시아적인 인간이 있다'라는 묘사가 있다.

큰 에너지로 뛰어난 작품을 쓴 작가들 중에도 '음의 에너지'가 컸던 사람이 많다. 아쿠타가와 류노스케, 다자이 오사무, 가와바타 야스나리, 미시마 유키오 같은 문호들은 인생의 마지막에 자살을 택했다. 에너지의 절댓값이 크면 품고 있는 절망도 깊어지는지 모른다.

그런 의미에서 절댓값이 크다는 것은 위험한 일일 수도 있지만, 절댓값이 '미치는 폭'이 큰 덕에 가치 있는 일도 할 수 있다는 점은 확실하다. 예를 들어 뮤지션 중에서도 사다 마사시나 야자와 에이키치가 진 어마어마한 액수의 빚(전액 변제했다!)을 보면, 그 절댓값의 박력에 혀를 내두르게 된다.

또한 절댓값이 미치는 범위는 '양이나 음'만이 아니다. 예를 들어 록 음악에는 음량을 한껏 키우고 격렬하게 연주하는 하드 록이 있는가 하면, 감미롭고 애절하게 노래하는 록 발라드도 있다. 그리고 능력의 절댓값이 큰 사람은 어느 장르나 멋지게 소화해 낸다.

국민 록 밴드, 사잔 올 스타즈Southern All Stars가 갓 데뷔했던 시기를 보고 그런 점을 강하게 느꼈다. 데뷔곡인 〈제멋대로 신밧드〉는 제목도 가사도 엉망진창인 신나는 록 넘버였지만, 세 번째 싱글로 나온 노래 〈사랑스러운 엘리〉는 누구나 넋을 잃을 듯한 아름다운 발라드 넘버다. 리더 쿠와타 케이스케의 종횡무진 극과 극을 오가는 절댓값의 크기가 강렬하게 뇌리에 박혔다.

앞서 이야기했던 좌표축에 따른 가치 판단 역시 절댓값 사고를 도입하면 관점이 바뀐다. x축과 y축의 좌표에 평가 대상을 배치하면, 평가가 낮을수록 보다 '왼쪽' 또는 '아래쪽'에 위치한다. 그러나 절댓값에 주목하면 왼쪽이나 아래쪽에 놓인 것일수록 잠재력이 크다는 뜻이 된다.

그래서 x축과 y축을 다른 평가축으로 바꿔 넣으면 단번에 역전 현상이 일어나서 나쁜 평가를 받았던 것이 제1사분면으로 도약하기도 한다.

에필로그

왜 지금 수학적 사고가 필요한가?

'냉정한 논의'란 무엇인가?

계속해서 지적했다시피 요즘 세상은 유독 '논리'를 무시한다. 인터넷상에서 벌어지는 논쟁들 중 태반이 토론이라 부르기도 민망한 수준이다. 오로지 날을 세우고 아우성치며 서로를 매도할 뿐이다. TV 토론 방송을 보아도, 큰 목소리와 독선적인 태도로 상대방을 몰아붙여 침묵하게 만들고 이겼다는 듯이 기세등등한 경우가 많다.

국회의 토론이나 정부의 기자 회견은 말할 것도 없다. '문제없다', '잘못된 지적이다'라는 근거 없는 강변과 논리성이 라고는 손톱만큼도 찾아볼 수 없는 변명이 통용되고 있다. 근거를 갖춘 이론이 좀처럼 통하지 않는다. 논의의 토대 자체가 흔들리고 있다는 점이 현재 사회의 큰 특징이자 심각한 문제 중 하나가 아닐까 싶다.

지금까지 이 책에서는 미분과 함수부터 집합과 벡터에 이르기까지, 중학교와 고등학교에서 배운 수학의 도구를 여럿 다루었다. 문과생에게도 수학적 사고가 중요하다는 점을 충분히 이해했으리라 생각한다.

어째서 수학적 사고가 쓸모 있는가? 단적으로 말해 수학적 사고를 하면 '매사를 이성적으로 생각할 수 있기 때문'이다.

수학의 세계에는 감정이 끼어들 여지가 없다. 또 목소리나 태도의 크기로 답이 바뀌는 일도 없다. 누가 어떤 태도로 대답하든 정답은 정답, 오답은 오답이다. 모든 토론의 밑바탕에는 그러한 이성이 필요하다.

논리고 뭐고 없는 마구잡이식 논쟁 앞에서 사람들은 종종 '좀 더 냉정하게 논의하자'고 호소한다. 그러나 흥분을 누르고 냉정하게 이야기를 하면 좋은 토론이 될까? 꼭 그렇지만은 않다. 그저 '냉정하게' 한다고 해서 이성적인 토론이 되지는 않는다.

비이성적인 토론 방식을 바로잡고 싶다면 수학적 사고가 필요하다. 아마 '좀 더 냉정한 토론을 했으면' 하고 바라는 사람의 머릿속에 있는 생각도 바로 이것이 아닐까 싶다.

'냉정한 토론'이란, 실은 '수학적인 토론'이라고 생각한다. 그러한 이성은 단순히 제대로 된 토론뿐만 아니라 우리가 사는 근대 사회의 기초로서 반드시 필요하다. 그리고 **수학적 사고라는 이성을 특히 중요하게 여긴 사람이 '근대 철학의 아버지'라고 불리는 르네 데카르트다.**

'나는 생각한다, 고로 나는 존재한다'는 문장이야말로 문과스러운 분위기를 풍기는 말이다. 하지만 데카르트 좌표를 비롯하여 매사를 생각할 때 수학적인 감각이 얼마나 중요한지 설파하는 사람이 바로 데카르트다.

데카르트도 '연습'해서 이성을 익혔다

그는 《방법서설》方法敍說에서 **매사를 생각할 때 지켜야 할 네 가지 규칙**을 제시했다. 그때까지 배운 논리학, 기하학, 대수학이라는 '세 가지 학문의 장점을 포함하면서, 세 학문의 결점에서 벗어난 뭔가 다른 방법을 탐구해야 한다'라고 생각한 결과, "다음의 네 가지 규칙으로 충분하다고 믿었다."라고 말한다. 조금 길지만 그다지 어렵지는 않으므로 그의 저서를 인용해 살펴보자.

> 첫 번째는 내가 명증하게 진실이라 인정하는 것이 아니라면 무엇도 진실이라 받아들이지 않는 것이다. 달리 말해, 주의 깊게 속단과 편견을 피하는 것, 그리고 의심을 품을 여지가 전혀 없을 만큼 명석하고 명백하게 정신에 나타나는 것 외에는 어떤 것도 나의 판단에 포함하지 않을 것.
> 두 번째는 내가 검토하는 어려운 문제 하나하나를, 가능한 한 많이 그리고 문제를 더 잘 풀기 위해 필요한 만큼 작은 부분으로 분할할 것.
> 세 번째는 나의 사고를 순서에 따라 이끌 것. 가장 단순하고 가장 인식하기 쉬운 것부터 시작해서 조금씩 계단을 오르듯이, 가장 복잡한 것의 인식에까지 올라가 자연 그대로는 서로에게 앞뒤 순서를 매길 수 없는 것들 사이에도 순서를 상정하여 나아갈 것.
> 그리고 마지막은 모든 것을 전부 완벽하게 세어 보고 전체에 걸쳐 다시 살펴본 후, 아무것도 놓치지 않았다고 확신할 것.

어떤가? 지금까지 이야기해 온 수학적 사고의 본질이 여기에 담겨 있다고 느껴질 것이다. 그리고 모든 일을 이성적으로 생각하려면 간단한 네 단계만 밟으면 된다는 발상 자체가, 나로서는 지극히 수학적인 감각이라는 생각이 든다. '필요 충분한' 숫자로 좁힌다. 수학적 사고가 훌륭한 이유다.

그는 자신이 생각한 이 규칙에 따라 이성을 잘 구사할 수 있도록 연습을 거듭했다. 《방법서설》은 데카르트 자신이 그러한 연습을 통해 이성적인 사고력을 터득할 때까지의 과정을 담은 체험 수기와 같은 책이다. 100페이지 정도 분량의 책으로, 얇으니 꼭 한 번 읽어 보기를 바란다. 그가 **이성을 획득하기까지의 과정**이 실로 자세하게 쓰여 있어서 나도 자주 학생들에게 읽게 한다.

사회를 '전근대'로 역행시키지 않기 위해

위대한 철학자인 데카르트조차 꾸준히 연습하고서야 수학적 사고를 할 수 있었다. 그러니 처음부터 이성적으로 매사를 사고할 수 있는 사람이 있을 리 없다. 이성적으로 생각하고, 이성적으로 이야기하고, 이성적인 토론을 거쳐 이성적으로 의사 결정을 하려면 그 나름의 연습이 필요하다.

현재의 사회에서 이성이 외면당하는 까닭은 **'이성의 훈련'이 부족하기** 때문이다. 그렇기에 나는 이 책에서 수학적 사고가 중요하다고 이야기했다. **더 나은 사회를 만들려면 이성적인 토론이 필요하고, 이성을 익히려면 수학적 훈련이 불가결하기 때문이다.**

그는 《방법서설》로 근대의 문을 열었다. 여기서 길러진 이성의 힘이 오늘에 이르기까지 근대 사회를 지탱해 왔다고 해도 과언이 아니다. 예를 들어 근대 헌법의 근간에 있는 인권 개념도 이성의 뒷받침 없이는 성립하지 않는다. 거침없이 드러내는 감정이나 힘을 중시하는 사회에서는 약자를 지키는 시스템도 만들 수 없다.

그러나 작금의 세상을 보고 있으면, 사람들이 이성을 모조리 소모해 버려서 사회 전체가 전근대로 역행하고 있다는 느낌마저 든다. 그런 일을 막으려면 다시금 이성의 중요함을 깨닫고 이성을 단련해야만 한다.

그런 면에서 **현재는 전례 없이 수학적 사고가 많이 요구되는 시대**라고 할 수 있다. "수학은 아무 쓸데가 없어."라면서 무작정 수학을 멀리할 때가 아니다.

사회의 중요한 의사 결정에 참여하는 일이 많은 사람일수록

수학적 사고가 필요하다.

수학이라는 멋진 사고의 도구가 존재하는 의미를 깊이 이해하고, 수학적 사고를 충분히 활용하는 사람들이 늘어나기를 바란다.